环保之眼

Environmental Eye

雪 —— 著

中国环境出版集团

图书在版编目（CIP）数据

环保之眼 / 古雪著. --北京：中国环境出版集
团，2025.3.-- ISBN 978-7-5111-6084-3

Ⅰ.125

中国国家版本馆 CIP 数据核字第2024WB7273号

责任编辑　田　怡　刘梦晗
装帧设计　庄　琦
书名提写　赵劲强

出版发行　中国环境出版集团
　　　　　（100062　北京市东城区广渠门内大街 16 号）
　　　　　网　　　址：http://www.cesp.com.cn.
　　　　　电子邮箱：bjgl@cesp.com.cn.
　　　　　联系电话：010-67112765（编辑管理部）
　　　　　　　　　　010-67175507（第六分社）
　　　　　发行热线：010-67125803，010-67113405（传真）
印　　刷　玖龙（天津）印刷有限公司
经　　销　各地新华书店
版　　次　2025 年 3 月第 1 版
印　　次　2025 年 3 月第 1 次印刷
开　　本　787×1092　1/16
印　　张　23
字　　数　150千字
定　　价　68.00 元

作者简介

古雪，本名周美蓉，湖南张家界人，
湖南省作家协会会员，湖南省作家协会生
态文学会员，湖南省报告文学协会会员。

序一
小中心成就大事业

　　2024 年 6 月，在第十五次全国生态环境监测学术交流会的现场，湖南省张家界市生态环境监测中心主任胡家忠找到我，希望我能为一部展现湖南省张家界生态环境监测中心发生的先进事迹的报告文学作品作序。老胡同志与我相识多年，他是土家族人，在我的印象中是一位实在、能干，文笔流畅，工作思路清晰，上进心特别强的领导干部。初闻请求，我请他先把文稿发给我。

　　拿到文稿之后，我几乎是一口气读完的。作品非常朴实、感人，我被文中的故事深深打动，几度潸然泪下。一个湘西大山里条件十分艰苦的只有 20 余人的小单位却涌现出了党的十九大代表、全国五一劳动奖章获得者、全国巾帼建功标兵、全国三八红旗手、生态环境部"三五人才"等先进模范和技术专家，让人肃然起敬！我不禁思考，一个穷乡僻壤里的小单位，要钱没钱，人手紧缺，为何能取得如此辉煌的业绩呢？我想到了几点：

其一，有一个好的带头人和领导班子。湖南省张家界生态环境监测中心的前三任主任我并不认识，但从这部作品中我读出了他们的优秀。领导者对一个单位的精神和文化影响深远。记得电视剧《亮剑》里讲到，一支部队的精神与首任军事首长的性格与气质密切相关，他给这支部队注入了灵魂，使其即使经历岁月流逝和人员更迭，其灵魂长存。湖南省张家界生态环境监测中心第四任、第五任主任吴文晖、胡家忠和我都有过接触。他们身上都有着一种始终传承的难得的人格感召力，这是湖南省张家界生态环境监测中心始终保持强大凝聚力、战斗力的精神密码。

其二，吃大苦、耐大劳的"拼命三郎"精神。作品中刻画了很多艰苦奋斗、忘我拼搏的场景，手提肩扛负重爬山者有之，深入密林与蚊叮虫咬作斗争者有之，风餐露宿忍饥挨饿者有之，工作之艰辛，远远超过了很多兄弟单位，同志们却毫无怨言，长期保持着高昂士气和奋斗姿态。我发现，湖南省张家界生态环境监测中心的大多数同志都是农村贫苦孩子出身，凭借自己的勤奋，以最简朴的方式，追求并实现了通过知识改变命运。吃过苦的人，相对容易满足，对于成功、幸福、价值有着更朴素的理解。

其三，小舞台也要干出大事业的雄心壮志。湖南省张家界生态环境监测中心成立较晚，当地经济条件相对落后，财政投入有限。用"穷且益坚，不坠青云之志"来形容他们对事业的追求再合适不过了。"财力不足体力补，设备不行技术顶"是我对他们有条件要上，没有条件创造条件也要上的创先争优意志的一种概括。就是这么一个空间狭小、设备简陋、人手有限的山村小站，与同级同类监测中心（站）相比，技术人员持证项目一样不差，土壤调查监测、生物多样性监测等作业要求高、技术复杂的工作，也一样可以完成得有声有色。在湖南省和国家历次专业技术人员大比武中，名次稳步提升，后来居上。

监测人是平凡的，日复一日，年复一年，默默无闻地观察记录着生态环境管理需要的各种数据。但张家界监测人又是不平凡的，在残酷现实的种种考验中，遇到过重重困难，经历过生离死别。现场监测中摔得皮开肉绽，还在忍痛坚持……闭上眼睛，回味这部作品中的人物和事迹，我的心情久久不能平静。

致敬，湖南省张家界生态环境监测中心，区区20多人的队伍，取得了如此辉煌的业绩，值得敬重！

致敬，湖南省张家界生态环境监测中心，短短 30 多年，树立了一道了不起的精神丰碑，值得敬仰！

陈传忠

2024 年 6 月 30 日

陈传忠，中国环境监测总站副站长，业余爱好广泛，文艺兴趣丰富，书法造诣深厚。

序二
一群大写的环保人

作为国内最资深的环保宣传工作者之一，我与环境监测最紧密的联系发生在 2006 年和 2012 年。2006 年在全国尤其是湘江流域重金属污染水体事件频发的背景下，我需要向公众讲清水质与健康的关系；2012 年前后几年，在中国中东部大气污染最严重的时候，我需要向公众讲清楚大气质量的现状与变化。那是中国环保事业最艰难的时期，讲得清环境污染的现状、讲得清环境污染产生的原因、讲得清解决环境污染的对策是那个时期中国环保事业对环境监测工作最基本的要求，也是公众对环保人的职业要求。

老实说，那个时期中国环境监测工作没有很好地担负起这一职责：大气污染严重时，环境监测的数据还是"优"和"良"，这些数据与人民群众对环境质量的实际感受严重背离，这一情况导致新一轮中国环境质量标准的集中修订，也对中国环境监测人才队伍的培养提出了更高、更迫切的要求，2009 年胡家忠主持张家界市环境监测中心站工作时，交待黄斌带领技术团队成功开发了 30 项有机物项目，成功拓展了《地表水环境质量标准》109 项中的 69 项检测能力。

我见证的张家界环境监测队伍的成长，始于黄斌在 2014 年湖南省水环境监测职工职业技能大赛中夺冠，随后他又于 2017 年成为湖南省最年轻的党的十九大代表，此后，邱帅在 2019 年第二届全国生态环境监测专业技术人员大比武，获得综合比武个人一等奖。经济相对滞后的张家界，在湖南省都不是环境污染最严重的区域，监测人员的历练经验也并非最多，突然在这个专业领域"蹿红"，既让我感到惊喜，也让我深感意外。组织新闻宣传，推广这样的工作典型，介绍他们的专业技能，反映他们的精神风貌，一直都是我的职责，是我分内的事情。但我并不满足这样单一的新闻宣传，因此与同事一起，以邱帅的故事为原型创作过专门的舞台剧，在湖南省举办的"6·5"环境日文艺汇演中演出，观者多垂泪。

做过这些事后，我深感自己对张家界市生态环境监测中心的了解仍然只是一鳞半爪，我相信这样一个集体的成长，背后一定有着更加感人的家国情怀，发生过一个又一个动人的故事，于是下定决心，赴张家界做一次深入的采访，为这个集体作传，但同时我也深知，这样一次采写需要长时间付出。因此，邀请一位当地作家完成这次写作，成了最现实的办法，这一想法得到了我多年文友胡家忠主任的支持。感谢古雪，她帮我实现了这一多年夙愿，她的才华与这一年中付出的热情与辛劳，都体现在这部作品中，余不赘言。

黄亮斌

2023 年 12 月

黄亮斌，湖南省生态环境厅干部，获全国首批"从事环保工作30 年纪念章"，中国作家协会会员。

这是一群观天察地，爱山护水的人。

这是一群明察秋毫，防微虑远的人。

这是一群无私奉献，舍生忘死的人。

——题记

一、板车拉出来的监测中心

湖南省张家界市生态环境监测中心*是个"90后"单位，才34岁，正是而立之年的大好时光。

34年，离花甲已经过半，但在历史长河中只是一瞬，湖南省张家界市生态环境监测中心却已经历了以下五任主任（站长）：

曾雁湘，1993年10月至1997年4月；

彭汉寿，1997年5月至2002年2月；

杨成刚，2002年3月至2007年3月；

吴文晖，2007年4月至2009年7月；

胡家忠，2009年9月至今。

---

* 湖南省张家界市生态环境监测中心：行文涉及湖南省张家界市生态环境监测中心的历史沿革，机构名称多次变化，保留原文用法。

一

咬定青山不放松，立根原在破岩中。

2022 年从张家界市生态环境局退休的王立新说："想当年，大庸市监测站刚成立的情景仿佛就在昨天。"

1988 年大庸市成立（即现在的张家界市），1989 年便有了市建设局，建设局下设环境保护办公室，办公室便有了屈运芳和王立新两位创始人。屈运芳是女同志，后来担任过张家界市环境保护局副局长。

1990 年 10 月 30 日，大庸市机构编制委员会下发通知，批准建立大庸市环境监测站，隶属市建设局，编制 7 名，正科级单位。王立新从市环保办调到环境监测站，成为张家界市环境监测站第一人。同年 11 月 28 日，大庸市机构编制委员会核定大庸市环境监测站为事业单位，编制增至 10 名。

1991 年 7 月，董清富、李中文分别从湘潭大学、邵阳师专毕业，分配到大庸市环境监测站，因没有独立办公场所，三个年轻人暂寄在大庸市环境保护办办公。

1992 年 9 月，黄学锋、张华丽分别从湖南农业大学、长沙环保职业技术学院毕业分配到大庸市环境监测站，吴文晖也从国营湘陵机械厂（原 3028 厂）调到环境监测站，监测站团队壮大到六人。

1992 年底，大庸市环境监测站搬进子午路、大庸市建设环境保护委员会六层大楼后面的小三层楼里，办公、监测共一处，仿佛环境保护委员会单位的杂物间，也好比古树上的"巴尔生（寄生物）"这一巴就巴了三十多年。

监测站成立之初，还属于自收自支，以做环境影响评价为主。这一项目，当时由监测站独家经营，生意相当可观，接的第一单，就是大庸市煤炭公司。董清富、李中文、吴文晖、黄学峰四人，加班加点，全力以赴从调查到写环评报告仅用了一个星期。1994 年以后，张家界国际酒店、张家界市司法局办公楼等环评工作接踵而至，监测站也逐渐繁忙起来。

1993 年 10 月，大庸市环境监测站开始组建，为了增强力量，省环保局领导从洞庭湖环境监测站抽调高级工程师曾雁湘来到大庸市监测站主持工作。1993 年 10 月上级正式下文，任命曾雁湘担任监测站首任站长，王立新任副站长。

曾雁湘是个"50 后"，湖南省益阳市沅江市人，成都地质学院毕业，本科学历。他身材高挑，挺拔如松，说话慢条斯理，言谈举止中充满了智慧和深邃的思想，文质彬彬气质优雅而深沉，让人时常可以感受到他的内在力量和独特的个性魅力。为了响应省里的号召，他拖家带口，"米桶跳糠箩"，从风光无限的洞庭湖监测站来到大庸市环境监测站这个"丑小鸭"单位，开始了筚路蓝缕的艰难创业。

当时监测站除了办公桌椅以外，其他基础设施严重匮乏，要人没人，要钱没钱，比《沙家浜》胡传魁的"十几个人来七八条枪"还拮据。但曾雁湘却从不缺乏智慧的头脑，高瞻远瞩、谋求发展的思路，以及唐僧西天取经般的决心。

王安石说："天变不足畏，祖宗不足法，人言不足恤"。还有《周易》上说的"穷则变，变则通，通则久"的古训。曾雁湘始终遵循这些古训，一边加强队伍建设，一边狠抓监测技术培训。1992年12月，他与怀化市环境监测站领导协商妥当后，派送由王立新带队，率董清富、李中文、黄学锋、吴文晖、张华丽一行人，到怀化市环境监测站进行为期一个月的培训学习。

在这一个月中，6个人像不知疲倦的工蜂，争分夺秒、挖空心思地抓紧学习。见习采样，到实验室学仪器操作，学做实验，将每个步骤、每个细节都认真学习、认真记录。老师授课，他们洗耳恭听、勤做笔记；每天早上6点起床后，温故知新，熟记诵背；晚上大家聚在一起，互相交流、取长补短，把白天所看所学的东西完全吸收消化、烂熟于心。

"用心精至自无疑，千万人中似汝稀"。通过一个月学习，6人都成为合格的监测员，使大庸市监测站内核提质、本质换新。

二

石以砥焉，化钝为利。

曾雁湘说："当时的张家界很穷，环境监测工作技术上很落后，思想意识上更跟不上。面对这种状况，工作要做得比经济发达的地方更先进，不是一般的难，好在我是一个不怕难不怕死的人。"

他一手加强严格管理，一手狠抓基础设施建设。监测站拥有离子色谱仪、极谱仪、分光光度计、电子天平等先进仪器设备，及环境工程、应用化学、农业环保、环境监测等专业技术人员 7 人，他们分别是曾雁湘、王立新、李中文、董清富、黄学锋、吴文晖、张华丽。1993 年春，湖南省环境保护局为大庸市环境监测站下拨 3 万元资金。监测站便用这笔资金首次从长沙购买了监测用的试剂药品、试管以及其他瓶瓶罐罐等实验用品。

从此，曾雁湘带领这支"七彩团队"，正式开展常规监测分析，从而开启了大庸市环境监测工作的新纪元。

古人说："俭节则昌，淫佚则亡。"监测站团队为了节约成本，很多工具都是自己动手制作的，比如搅拌药剂的杯子，将 1 米左右的玻璃泵，用石英刀裁出多个长短不一的试剂杯，然后用酒精喷烧枪将杯口烧光滑，以免划伤；用木头做采样管架；将进货的包装箱修改成工具箱；还用废塑料瓢安上长把，用来舀污水。出外采样，将药剂、试剂瓶、大气监测仪、采样管等，用木箱装着，抬到汽车站搭乘公共汽车或中巴车，到两区两县以及景区采样；下车后，抬的抬，挑的挑，像娶亲前一天到女方家"圆礼"的土家族婚俗礼节那样热闹。

1994 年，吴鹏和邱克明分别从中南民族学院、武汉大学毕业，分配到监测站，为监测站再添三位生力军，至此，监测站的 10 名编制满员，下设办公室、综合室、环境影响评价室、监测分析室（包括现场采样）四个股室。监测实验除常规监测外，开始涉及水、大气、环境影响评价和污染源监测有偿服务等项目。当时资金紧缺，条件艰苦，没有像样的交通工具，全站仅靠一辆板车拉着实验器材走南闯北，完成各项监测任务。外出采样，几个后生拖着板车风风火火、激情澎湃。采样回来，以吴鹏为骨干力量，在百余平方米的实验室里把各类监测分析做得井井有条、规范精准。

城区采样还好，如果到桑植、慈利、武陵源采样，每次都是两头黑。早上赶最早的一班车去，晚上搭最后一班车回。慈利县太远，坐火车或汽车来回要两天。

李中文说："第一次拖板车的经历，有点惊心动魄，我差点连人带板车栽到田里去了。"

那天上午，他们三人用板车拖着水桶、仪器箱等工具，到阳湖坪独子岩采样点采集水样品。来自沅古坪大山里的李中文自觉争当板车"司机"，董清富和黄学锋两人在后面推。三个年轻人高调出发，揣着自信和轻松，一路喜笑颜开、意气风发，在 7 月的酷暑里，在砂石公路上，把板车拖得像飞驰的马车。半个多小时，他们就到达目的地，做完采样还不到中午。

回程中，板车被拖到宝塔岗，这里有一个较长的下坡，坡下两边都是稻田。三人没有拉板车的经验，遇上下坡麻烦就来了，下坡时掌握不了方向，也无法控制速度。板车加器具几百斤[①]重，刚一下坡，速度猛增，李中文在前面，模仿板车师傅的样子身体后倾，企图使车后那根"刹车棒"着地，谁知板车向后一撅，像跷跷板一样使他身体腾空，车把左摇右摆，险些甩掉李中文。板车越来越快，早把黄学锋和董清富甩得老远。眼看板车就要掉下稻田，为了不让仪器和瓶瓶罐罐摔坏，李中文急忙转身扑在板车上，叉开双腿前弓后绷狠狠蹬地，拼尽全力用身体死死顶住板车。因为惯性太大，他力单势薄，将双膝着地当刹车，被板车推滑几米远，慌乱中双脚蹬到路边一块大石头，终于在田坎边缘停了下来。

车上的东西得救了，李中文却双腿受伤，尤其是左腿膝盖，裤子磨破，皮开肉绽，伤口撕裂般疼痛，但他心里却没有一丝怨言。董清

___

① 1 斤 =500 克。

富和黄学锋赶了上来，看到李中文的伤，赶紧将他和采样器具一起拉到中医院，将伤口进行治疗包扎后，又一路拖回监测站上班。

可到了第二天，伤口痛得更加厉害，实在无法动弹，李中文被迫在家休息了一个星期。伤情尚未痊愈，他就一跛一瘸地再次投入工作中。这种"爱岗敬业、顽强拼搏、忘我为公、不畏艰难"的监测精神，在李中文身上放出异彩，起到了榜样的示范作用。

同时，监测站领导也从李中文受伤事件中得到警示，必须改变拉板车这一落后现状。

1994年8月，陈志壮从原大庸一中即现在的国光中学调进监测站。没承想，这一调，却走上了一条"不归之路"。本书最后的章节《润物细无声 环保赤子情》中作了详细叙述，这是后话。

1994年4月，大庸市改名张家界市，监测站也随之称为"张家界市环境监测站"，正如"乾坤日月当依旧，星座今朝却异同"。随着社会的飞速发展，环境监测事业也在快速进步，为了跟上新时代的脚步，站领导决定扩项增能，首先就是添置仪器和交通工具。

但是，巧妇难为无米之炊，买仪器得要钱，那么钱从哪儿来？为了筹款，王立新出面找到其在工商银行工作的同学，要求贷款。同学爽快地答应了，但一切必须按正规手续办理，借贷必须用房产抵押。

单位的房子都没有房产证，这一问题难倒了曾雁湘和王立新，在全体员工会议上，领导说出了单位的困难时，吴鹏像及时雨般站了出来，他说："单位是我们的家，我们是单位的主人，单位的一切荣辱得失都与我们休戚相关，因此，我要为单位尽一份力量。"他得到深明大义的父母的大力支持，愿意用自家的私房作抵押贷款。听到这一消息，两位领导如同久困矿井获救后的幸存者，长长地舒了口气："真是万幸！"

王立新说："那是一段终生难忘的历史，我们都是清一色的年轻人，大家思想淳朴、团结友爱、朝气蓬勃、乐观自信、干劲十足，把单位的事当成自己的事，吴鹏为单位解了燃眉之急，他是帮助张家界市监测站起步发展的大功臣，我们应该感谢他、铭记他。"

三

路虽远行则将至，事虽难做则必成，漫漫长路必见曙光。

曾雁湘主张开拓创新，最早开展了生物多样性研究和生态环境保护工作。

他思想超前，极具远见卓识。但这种超前的意识，也经常遇到周围人的不理解，甚至多次遭遇不公正的对待。不过，这些困扰撼动不了他的决心。短短几年内，在张家界市环境监测站条件极其艰苦落后的情况下，他始终如一地坚持，经常带领团队深入"国家级自然保护区"的八大公山和列入《世界遗产名录》的武陵源的山山岭岭、沟沟坎坎，对生态环境生物多样性进行调查研究，并取得了可喜的成就，为后来人开辟了一条可行之路。

为了加强力量，他邀请张家界市林业局植物专家廖博儒作专业指导；邀请武陵源区环境监测站站长唐超志当向导；监测站当时只有邱克明是生物系毕业的，他负责摄影拍照；毕业于湖南师范大学生物系的陈志壮，放弃了体面的教师身份，来到监测站做了一名与山川大地、泥巴污水打交道的一线环保战士。陈志壮当时主要负责携带植物标本夹板和笔记记录。

1994 年秋，曾雁湘带领这支队伍，在武陵源十里画廊一带的各个山湾里探寻，每次都是这头进那头出，一路上寻寻觅觅，找找看看、停停走走、写写画画，总是顶着晨曦进山、踏着月色回家。

这年国庆后，他们五人作了一个大胆决定——挑战神堂湾，做一次破解千古之谜的勇士。

话一出口，立即遭到了单位同事的强烈反对，都说，使不得、使不得，去神堂湾那是"肉包子打狗，有去无回"。

神堂湾是一个神秘的地方。千百年来，一直是当地人谈之色变的禁地，在民间流传着一句俗语：宁过鬼门关，不下神堂湾。

神堂湾又叫神堂寨，它与我国昆仑山死亡之谷、可可西里无人区以及塔克拉玛干大沙漠合称为我国四大禁区，流传着各种传说。

传说神堂湾深不见底，神秘莫测，有时霞光万丈，瑞气煦煦，有时又阴风阵阵，雾雨绵绵。更令人惊奇的是，一到阴雨天气就会从悬崖下面传来鸣锣击鼓、人喊马嘶的声音，仿佛千军万马正在鏖战。传说这种声音的出现，是明朝时一个土家领袖向大坤，自号"向王天子"的男人在反抗明朝镇压时，被迫跳下了神堂湾的悬崖，死后阴魂不散，每天操练"阴兵"，操练的声音传到了崖顶。

一说很久以前，当地一位采药老人身系麻绳，攀崖而下，采了满满一背篓珍贵药材，回程途中，喜滋滋地取下背篓，坐在一条长满青苔的老树干上歇息。突然，"树干"一阵滚动，把老人甩在一旁，只见两道绿光，雾气腾腾，飞入山洞，原来是一条大蟒蛇，吓得老人魂不附体跑回家，不久因惊吓过度而逝世。

另一说曾有苏联科学家在一队解放军士兵的陪护下前往神堂湾后失踪，至今都没有消息。

……

这些五花八门、添油加醋的恐怖传说，直到 2012 年才被湖南省地质学家瞿辅东教授率科考队揭开了神秘的面纱。科考队绳降 650 米，发现了神堂湾极为奇特的结构，四面环山只有一方有缺口，整个空间呈葫芦形，上窄下宽。在风雨交加时，巨大的气流从缺口处冲入，在狭窄的崖壁上来回碰撞形成回声效应。接着又因降雨增大，悬崖中下部的众多瀑布水量猛增，水声变大。风声、瀑布声再加回音效应，糅合成一种奇怪的声音传到崖顶，这种声音听起来有时如巨兽嘶鸣，有时又如千军万马操练行进，当地人和游客听到，久而久之便传言出所谓的"阴兵练兵"。

这个谷底，除了绳降而下，无路可走。

至此，神堂湾谷底怪声之谜被彻底揭开。

但当时是 1994 年，离 2012 年还有 18 年之久。他们并没有被这些传说吓倒，也没有听从大家的好心劝阻，而是为了生物多样性调查，毅然决然地前往神堂湾。

上山前唐超志说："打猎人、采药人进山，都有'压码子''开山'、焚香烧纸敬山神的规矩，我们今天进山是不是也要遵循这个规矩？"

"我们是科研工作者，坚信'科教兴国'，用辩证唯物主义世界观和方法论看问题，以科学技术说明一切。正如伏尔泰说的：'大自然蕴含着远胜人类施教的影响力量'，因此我们要敬畏大自然，保护大自然，到广阔的天地中去，聆听大自然的教诲。"曾雁湘边说边向前走去。

　　那天，天清气爽，惠风和畅。五个人像往常一样，各司其职，带好笔记本、手电筒、馒头、水、夹板、相机、砍刀、钩子、绳索，在没有任何联系方式的情况下，像巡山护林员一样，冒着未知的风险和挑战，向着武陵源神堂湾出发了。

　　从"十里画廊"里面的"三姊妹"山峰下左侧进山。

　　走进山谷，有种与别处不同的古怪、吊诡、阴森，山也一改柔和斯文的面孔，变得狰狞恐怖起来，整个山湾一个墩叠一个墩，像宝塔一样，每个墩都有百十米高，像鬼斧砍断、神工切割的那般突兀，高而险峻，陡峭如梯。唯有山谷中间有一条时隐时现的溪沟，从山顶一路十八弯、九连环式的蜿蜒而下。1993 年"7·23"特大洪水，导致山湾多处滑坡，给他们带来了更大的麻烦。

　　唐超志手持砍刀，在前面带路，披荆斩棘，排除障碍。沿着峡谷一直走，里面有水，非常阴冷，峡谷很窄很深没有路，有的地方两边的树合长在一起了，都是密集拥挤、枝繁叶茂的杂木树，上遮天下盖地，里三层外三层，狂风暴雨、天打雷劈都不怕。

　　峡谷越来越深，树林越来越密，如同潜入了森林隧道。不知不觉间，五人似乎闯进烟气蒸腾的迷雾世界，周围变得一团模糊，啥也看不清。曾雁湘嘱咐大家紧挨着不要走散，一起在林子里摸索着向前，但绕来绕去，又回到原点，找不着方向了。

那些湿漉漉的草丛、林木、腐叶，散发出一种特殊的混合气味，那些树木像穿了件隐身衣，山间时不时传来不知名的鸟叫。这是个无人涉足的禁区，就连负责带路的唐超志也分不清东南西北了。邱克明年龄最小，他提醒说："我们是不是遇到神堂湾的迷魂阵了，这雾是不是有毒？"

大家闻言脸色陡变，不约而同地紧张起来，站在原地好一阵子不敢前行，赶紧用衣服捂住嘴巴。最终还是廖博儒有经验，他果断地说，"不要自己吓自己，这雾气一定来自溶洞，过一会儿地面气温升高，雾气就会自然消失。"

唐超志也说，我们走的这里叫向天湾，也就是整个大神堂湾，而不是向王跳崖的那个谷底。半个小时后，正如廖博儒所料，随着太阳慢慢露脸，雾气的流速加快，朝着树梢升腾散开，他们确定好方位继续向前。一边前进一边观察附近的地形，就在此时，突然从不远处传来捶洗衣服一般的"乓、乓"声。

曾雁湘第一次听到这种声音，惊讶地问"这是什么声音？"

廖博儒说，这是雄性石蛙求偶的信号。

说着，他们循声而行，很快就发现了一处水潭，还没等他们靠近，就听到"嗵、嗵"的入水声。这些山野精灵被这群山外来客惊扰，肯定吓得不轻。五人赶紧来到水潭边，看见一个岩壳下还有只没来得及逃跑的石蛙，约有斤把重，见有人来犯，随即纵身一跃。邱克明不失时机，咔嚓一声，捕捉到一张"飞蛙"美照。那石蛙嗵一声潜入水中，向杂草藤蔓里逃窜。

曾雁湘有些激动，他说："虽没有像传说中的大象那么大，但怎么也没想到能遇见这么大的石蛙。"

欣赏完石蛙，才发现这里两边都是水淋淋的石壁，潭水绿茵茵的，不知有多深，石壁上方的树木藤条像绿帘挂在水潭上方，上山的必经之路被这个水潭阻隔，犹如"行到水穷处"的绝境。水潭虽不大，但至少有两丈多宽，一般人无法飞越，到了钩子和绳索该派上用场的时候了。

唐超志从腰间取下砍刀，准备清理周围的枝条杂草，以免妨碍他扔绳钩。转身去砍一篷茂密的杂草刺荆，砍着砍着，唐超志突然大叫一声。

同行四人以为他砍伤了自己，吓得赶紧前去察看，原来在草丛里面有个大洞口，雾气就是从这里飘出来的，洞口边有蟒蛇残留的骨架，虽然已经被山洪冲得七零八落，但明显看得出，脊椎骨有锅铲柄粗，确实很恐怖。幸好是五个男人在一起，如果一个人在这地方突然遇见一堆白骨，肯定会被吓破胆。

他们如获至宝，把这些骨架收好，放进蛇皮袋，捆好扎牢后由廖博儒将它挂在腰上，做好"飞越"的准备。

唐超志从腰上取下绳索，大有探险家的架势，坚毅的眼神中透露着勇敢，瞄准目标，一挥手，钩子箭一般向对面坎上的一棵树干射去，然后双手抓紧绳索使劲一拉，钩子稳稳当当地钩住那棵大树的树干。

唐超志叫邱克明先过去，在对面接应。

邱克明收好相机，背好包，双手抓紧绳子，双脚一蹦，荡秋千似的轻松到达对面。

接着曾雁湘和廖博儒相继荡了过去。1.75米的陈志壮，身材高大，当他荡过去的时候，上方的树枝摇晃得嘎嘎作响，他自己没觉察，其他四人却为他捏了一把冷汗。最后的唐超志身轻如燕，一跃而过。

过了水潭，还要攀上一个十多米的岩坎，坎上稀稀拉拉长着些树和藤条，邱克明三两下就爬了上去。上去后他从大树上把钩子取了下来，其他人一个接一个拽树抓藤往上爬，唐超志则像孙悟空跳跃腾挪向前攀登。当他最后一个爬上坎时，他抓住坎沿上那棵死树一跃而上，与此同时，只听身后嘎啦一声，树干断成数截栽到崖下，原来这是棵朽木，他刚才幸好是抓在树根上，如果抓到树干上，必定和树一起栽下悬崖。

经过这一连串遭遇，五个人更加小心，时刻警惕，顺着流水的乱石沟，一会儿从右边攀着岩壁上的石头缝或缝隙里长出的树根攀爬而上，一会儿又绕到左边，在石壁上抓牢抠稳，一步一步向上攀。有时几乎是挂在岩壁上，战胜不可思议的诡异角度。要说攀岩，唐超志和邱克明占了便宜，他俩身材精瘦，个子灵巧，在崖壁上跳来跳去，比猴子还轻盈。每次都冲在前面，再回过头来拉后面的人。遇到险要地势，五个人你扶我拉，我推他扯，累得大汗淋漓，手上磨出许多划痕，经过一个半小时惊心动魄的艰难攀爬，好不容易才爬上第一堵高墩崖壁，来到一块平台上。

五人在这里休息、喝水、吃馒头，补充体能，准备迎接更艰难的挑战。

休息过后，五人顺着山洪冲出的沟壑向上走，确切地说，不是走，而是手脚并用地爬。左攀右爬，像一群猿猴，在山谷间时而跳跃，时而引体向上，时而像在吊环上"前倾支撑""后倾支撑"，惊险地向上移动，一鼓作气，接连攀过两个高墩。当他们快要接近第四个高墩顶部时，廖博儒发现了几棵鹿角杜鹃，赶紧叫停，吩咐采样和记录。就在陈志壮靠在石壁上做记录的时候，天空上猛地出现两道黑影飘来飘去。

五人注目片刻，眼前一阵模糊一阵清晰，模糊时见那两件蓑衣张牙舞爪，腾云驾雾，抖擞着翅膀呼呼作响，大有雄风横扫雌伏世界的威猛，以为碰到了芭蕾舞剧《天鹅湖》中那个背着黑色翅膀的飞魔。清晰时廖博儒辨认出那就是传说中的不明飞行物——飞狐。这家伙在几棵树之间腾飞跳跃向他们发起攻击。飞狐脖子上的戗毛直立，不停地咆哮，五人吓得不轻，待他们冷静以后，才反应过来，拿起手上的东西奋力还击，刀子、棍子一起挥舞，舞得像孙悟空的金箍棒呜呜呜叫，两只飞狐吓得斜冲而逃。

五人稳住心神，抓紧时间加速攀上悬崖。陈志壮落在最后，当他准备攀上崖坎的瞬间，一股阴冷凉风猝不及防地贴着陈志壮的脸扇来。原来那飞狐并未逃远，窥得时机一个俯冲把陈志壮扇下了悬崖。这一突变，仿佛将他的魂魄击出了天灵盖，他感觉自己的生命即将终结。千钧一发之际，一股求生的本能促使陈志壮迅速做出选择，随手扔下笔记本，飞身一跃，一把抱住了一棵歪脖子松树，侥幸没有坠下深谷。但歪脖子树根边凸出的石头，磕得他眼冒金星，差点骨散肉离。崖上四人吓得脸色大变，曾雁湘更是面色铁青，如果弄出人命，将如何交差？急得大喊："陈志壮，没事吧？！"

陈志壮从惊吓与疼痛中缓过劲来，抱着树干坐起身，出窍的灵魂仿佛才回到了身上。

"我没事！"陈志壮在崖下回应道。

因为草木遮掩，相互之间只闻其声，不见其人。四位队友听到他的回答，都舒了口长气。

飞狐非常罕见，如果不是专业人员，很少会有人知道它，却没想到竟然会在这里出现。

飞狐，是深山峡谷里的凶猛鸟形兽身蝙蝠类动物，头形如鼠，毛色深褐，善滑翔，爱蜗居在悬崖峭壁上的岩壳或山洞里，昼伏夜出，居高临下，若见有敌来犯，它会先发制人，来个先下手为强。来敌如果离得远，它就会发出好像重病者那种瘆得慌的哼声，因此在我们家乡把它叫哼虎；它还会学人吹口哨，吹出鬼哭狼嚎般的嚎叫；还经常在深更半夜"喔—喔—"直声高叫，人们说这是"鬼叫"，大多数人却不知道是它在装鬼，试图吓跑来敌。对近距离的来敌直接进攻，毫无畏惧，颇有一种"投之亡地然后存，陷之死地然后生"的英雄气概。

悬崖右方有个岩洞，是飞狐的巢穴，由于陈志壮离得近，因此遭到两只飞狐拼死攻击。

飞狐见吓走来敌，像是得胜将军骄傲地潜回洞穴。

飞狐走了，可新的麻烦又来了，陈志壮卡在悬崖下，上不来，也下不去，只能大声呼救。曾雁湘叫他不要乱喊，小心飞狐再次找他麻烦。随后吩咐唐超志取下腰间的绳索，将一端绑在一棵麻栗树上，一端放下去，陈志壮用绳子捆住自己的腰，双手抓着绳子，小心配合着往上攀。上面四人同时抓住绳子，把这个来自永定小山城的高壮大汉，从悬崖下一点点地往上拉。

陈志壮的身体像醉汉一样不受控制，在悬崖上摇过来晃过去，打乱了四人的节奏，差点把上面的人也扯下悬崖，吓得曾雁湘大喊，"危险，快停！我喊一二，我们一起用力"。

曾雁湘领喊："一二！"其他人合叫："嗨着！"

曾雁湘领喊："一二！"其他人合叫："嗨着！"

……

费了九牛二虎之力，上演了一场惊险的山野救援，总算把陈志壮拉了上来，他一屁股瘫坐地上，摸摸挎在腰间的夹板，对曾雁湘说："曾站长，实在对不起，我把笔记本弄丢了！"

"没关系，一切所见所闻都在我们的大脑里装着，只要人没事，就是最大的胜利。"曾雁湘边说边将水和最后一个馒头递给他，说："时间不早了，喝点水，吃点东西，我们必须在天黑前出山，总不能在这地方过夜吧！"

短暂的停留过后，在曾雁湘的催促下，他们顺着沟壑往上走，刚走几十米，邱克明对着一个大岩壳里的粪便拍照，他问这是什么动物的排泄物？廖博儒只看了一眼，便肯定地说这是飞狐的粪便。他还介绍飞狐的干燥粪便是著名的五灵脂药材，有活血止血、解毒散瘀止疼功效。一般在它所栖息的洞穴附近，选一个较大的洞穴排泄，其粪便常年堆积而不霉烂。五灵脂是治疗痛经、血气痛、腰痛、风湿痛、关节痛等疾病主要药材，是"身痛逐瘀汤"中的常用药。

"那么丑陋不堪的东西，却没想到它的粪便竟这么贵重，今天我们发财了！"陈志壮边说边准备收拾粪便。曾雁湘说，别太贪了，够做标本就行了，剩下的还是留给采药人来收拾吧，我们现在要做的，是安全出山。说完，一挥手，示意大家火速赶路。

由于过于低估这趟进山的艰难程度，准备不够充分，此时早已水尽粮绝，大家体力消耗太大，又累又饿，疲惫不堪。

七拐八绕又走进了一片茂密的树林，不时有松鼠、果子狸、芭茅鼠等小动物在林间逃窜。走着走着，突然觉得天黑了，大家抬头看天，才发现天上的云彩像推磨一样旋转起来，黑风犹如猛龙摇头甩尾，又像群狼扑食般凶狠，在山野中掀起绿色的浪潮，这是大雨欲来的前兆。

早上出发时天气晴朗，谁知神堂湾的天气说变就变，还没走出那片树林，拇指大的雨点已稀稀拉拉打在树叶上"叭叭"作响，雷声从遥远的天幕上传来。山上没有地方避雨，大家又都没带雨具，只能任其"逆境嗟行遍，闲愁幸扫空"。

走出树林，又遇上了之前滑坡形成的陡坡，当五人艰难地快要走完这段陡坡时，一道压一道的金色闪电在山顶上狂舞，紧接着轰隆隆的雷声，随即霹雳在树巅上空炸开，密集的雨点利箭一般倾泻而下，打得五人睁不开眼。因为走得急，邱克明脚下被树枝绊一跤，瞬间滚下坡去。

四人吓得惊呼："小邱，快停下！"惯性使邱克明几次都没有抓住坡上的救命草，忽见一块凸起的大石头横亘眼前，眼看就要撞上它，他手脚同时向石头一撑，身体往左一侧，终于停了下来。四人连忙赶到邱克明身边，让他别动，察看他有没有受伤。他身子一挺站了起来，忍着身上多处划伤的疼痛，顶着滂沱大雨重新向上攀。

天色越来越暗，行走越来越难，湿淋淋的像落汤鸡似的五个人，都恨不能插翅飞上山顶。

当他们还在咬牙坚持的时候，夜幕已悄悄降下，雨也停了，山上到处是猫头鹰、飞狐、野猫的叫声，令人毛骨悚然。

五人拿出手电筒，几束光柱在神堂湾的山野游移、左右摇曳，为这个神秘之地增添了几分诡异的气氛。

也许是团结的力量，他们倒是没有遇到那些诡异传说中的异常景象，也没被蛇咬蜂蜇，虽有惊险，还好没有摔断手脚，神堂湾也没有怪罪他们在茫茫大山里的大喊大叫，反而收获了生物多样性的精彩记录。

这趟十多个小时的神堂湾之行，虽没有"八千里路云和月"的壮怀激烈，但也是多次逢凶化吉、险中求生、用惊险堆起的极限挑战。当五人忍饥挨饿，历经千辛万苦，来到山顶后才发现，他们与神堂湾向王跳崖的谷底擦肩而过，到达了天子山的"点将台"。

也难怪在采访现在已是张家界市环境保护局固体废物科科长邱克

明时，他说，三十年前在神堂湾的经历不仅仅刻骨铭心，还后怕不已。

几年时间，曾雁湘就是这样亲力亲为，连续开展对武陵源区域内的生物生态、水质、大气、气象等多学科的调查、监测和研究工作，获得了大量的基础数据资料。同时，还全面、系统地收集国内有关单位和大专院校在武陵源进行的各种调查科研资料。他还与陈志壮、黄学峰、邱克明一起，用了一年多时间，踏遍了武陵源每一座山、每一条沟、每一个湾，用脚步丈量大地，用眼睛识别生物，用双手记录植物、动物、昆虫、菌类的名称、生长地、性能作用等情况。在全面综合整理、系统分析和调查核实的基础上，自 1994 年 12 月起整整用一年时间编写了一本由"地质地貌""森林土壤""环境质量""生态环境保护"共四章 234 页组成的《世界自然遗产武陵源生态环境研究》资料汇编，其中记录了植物 163 科 1 414 种；动物：兽类 21 科 45 种，鸟类 28 科 75 种，爬行类 6 科 21 种，两栖类 6 科 14 种，昆虫类 133 科 452 种；菌类 257 种。均用中英文注解它们的名称、作用及药用价值等。这是一本武陵源区域动植物百科全书，是一本重要的珍贵文献，为后来人对武陵源生物多样性开展研究提供了可靠的依据和有益的思路。

四

千锤百炼，始成宝剑。

"建站之初，那些刚走出校门的年轻人，如果不带着他们走好第一步，任何事情都有物理上的惯性，第一步走得怎么样，以后，大概率就会是怎么样。"曾雁湘这样说，也是这样做，他对年轻人要求相当严厉，像家长一样引导他们走好事业的第一步。

实验室每天要保持干净整洁，实验器具要洗净摆放整齐；办公室要做到统一规范、窗明几净；工作上更要认真负责，有条不紊。谁若敷衍，曾雁湘会毫不留情当面教训，直到完全达标才肯罢休。但在生活上，他对员工非常关心，经常加班或工作太劳累时，他会自掏腰包，请员工下馆子、吃三下锅。

1995年，曾雁湘运筹帷幄，带领团队创造佳绩。

同年年初，张家界市环境监测站用吴鹏家的私房作抵押，向工商银行成功借贷8万元，用这笔钱购进一台"德尔格"进口仪器和一辆三轮摩托车。

在南门口国营机械厂购买摩托车时，王立新和吴鹏付完款，骑上摩托车在机械厂院子里转了几圈后，将前来技术指导的省环境监测中心站的工程师李健送到西溪坪火车北站，乘火车回长沙，光荣完成了新车的第一次使命任务。

自从有了摩托车后，监测站团队的全体男性成员个个都把自己练成了摩托车骑手，王立新和吴鹏当仁不让地成为摩托车兼职司机，各自取得了驾驶证。每次出行，都是他俩驾驶摩托车带着大家风雨无阻、砥砺前行。

同年 5 月，王立新就是驾驶这辆摩托车，带领李中文、黄学锋顺利完成了首个大工程"永定大道"的环境影响评价和环境质量评价的采样、监测分析、出具监测报告，使这项工程的环境影响评价保质保量地完美达成。

7 月，正值"天公怒吼泣云霄，急骤漫天泻浪潮"的洪水季节。天气异常酷热，王立新带着黄学锋、吴鹏、邱克明三人到天子山监测各宾馆锅炉。

吴鹏把摩托车开出了杂技表演般的水平，每一次转弯都那么精准有力，仿佛穿梭在丛林之间的轻风，无论是崎岖坡道还是平缓道路，娴熟的驾驶技巧让人赞叹不已，不知不觉就到了天子山。经过两天辛劳的奔波，完成了山上十多家宾馆的采样工作，一切顺利，只待第二天下山。

可就在当天晚上，"连天暴雨路成河，乍起狂风卷浪波"，山洪把下山的公路冲垮了一大段。在陡峭山坡上恢复这段公路，至少要十天半个月。无奈，吴鹏等人只好将摩托车寄存在山上，从小路下山。他们向当地村民借来绳索、扁担和箩筐，用绳索将"德尔格"仪器捆牢，两人抬着走。另外还有电焊机、焊枪、监测枪等工具，都用箩筐装着，挑着下山。一路上四个人，轮着挑，轮着抬，由于挑抬经验不足，加之雨后路滑，一路东倒西歪、磕磕碰碰，不时有人摔倒－爬起，再摔倒－再爬起。

七弯八拐，峰回路转，山坡又陡，他们生怕碰坏了"德尔格"这个宝贝疙瘩，只能双手抓紧仪器慢慢移动，走得心惊胆战。黄学锋、邱克明抬着仪器走在后面，王立新居中前后照应，生怕有什么闪失。吴鹏挑担子走在前面，走到一个悬崖边的拐弯处，猛然脚下一滑，"哐当"一跤摔倒，一只箩筐还在路上，另一只箩筐却已悬在崖外。吴鹏急忙一手抓住崖边的一棵树，另一只手抓住悬空的箩筐绳，脑袋悬在崖坎外，两腿伸到路上，头低脚高，有点像翼装飞行的俯冲架势，他看着崖下的深渊峡谷，吓得魂飞魄散差点尿裤子。王立新立即扑过去，双手抓住吴鹏的双脚，使劲地向里拽。黄学锋和邱克明见状火速放下仪器，帮忙把半悬空的吴鹏和悬在崖外的箩筐拽了上来。

获救后，吴鹏稍作调整，重振精神，与同事们继续前进。经过三个多小时的艰难跋涉，当他们跌跌撞撞，一身汗，一身泥，来到山下车站时，人们自觉为这群一线的环保奋斗者让出了一条通道……

1995 年秋，在曾雁湘身上发生了一出灰色闹剧。

当地有人要在张家界市城区附近建一座造纸厂，厂址选在城市居民饮用水厂取水点的河流上游不远处。造纸厂排放的废水将会对河水造成严重污染，并对城区居民饮用水安全造成威胁。因此，曾雁湘代表监测站，对这一造纸厂的选址方案提出了反对意见。

但当地的一些农民当时还不怎么了解造纸厂可能造成的污染，也不了解可能对居民饮用水的污染与对人的健康造成的危害。当地十多名不明真相的农民，挥舞着锄头、扁担和木棍等，气势汹汹地找到曾雁湘办公室，大有动手的架势，他们指着曾雁湘的鼻子怒吼："姓曾的，你吃张家界人民的饭，不为张家界人民着想，我们建造纸厂碍你什么事？你若再反对，别怪我们不客气！我们知道你家住哪里，知道你的老婆在哪儿上班，知道你的孩子在哪里上学……"

单位员工听到动静赶快跑过来保护曾雁湘，以防发生人身安全事件。曾雁湘冷静应对，为了防止人多嘴杂而把事态扩大，他要求员工们都回到岗位上正常工作，自己则孤军奋战，平心静气、苦口婆心地向闹事人员耐心解释和劝说。

对方生气他不生气，对方骂人他不还口，对方用手指到了他的鼻子上，他以退为守……俗话说，一个巴掌拍不响，紧张气氛逐渐缓和下来，在对方一通发泄后，他终于劝退了这群闹事的农民。

　　曾雁湘以静制动，以不变应万变，沉着冷静地化解了一场危机。最终当地政府采纳了曾雁湘的意见，造纸厂没有在此处建造，确保了澧水河的清洁安全。

　　"人定兮胜天"。曾雁湘带领这个团队，经过一年的拼搏奋斗，所收监测费上交财政后，返还的事业收入达 8 万余元，创下了建站后的第一个丰收年，大家高兴得"激情涌动血沸腾，欣喜无比映眉梢"。

　　过年时，曾雁湘高兴地邀请张家界市环境保护局领导、监测站所有员工及家属一起过年，大家欢聚一堂，像一家人团年那样温馨、和睦、亲切、热烈、振奋、鼓舞。曾雁湘像一家之主，为长者或晚辈每人发了 80 元的过年红包，还兴奋地献唱了一曲《智取威虎山》中杨子荣的唱段："今日痛饮庆功酒，壮志未酬誓不休。来日方长显身手，甘洒热血写春秋"。唱罢，迎来一片欢呼声，真如"丰昌酬汗水，岁晏酒飘香"的热闹喜庆。

　　曾雁湘是个立场坚强、勤政务实、业务精湛的知识型领导，具有严谨认真的工作态度和强烈的敬业精神，他带领全站员工一步一个脚印艰难跋涉，为生态环境保护蹚出了一条光明道路，开辟了一片艳阳天，使张家界市环境监测站，这个全省起步最晚、人员最少的"老幺"单位，从此担负起科学监测新使命，发挥一线"千里眼"和"观察哨"的作用，为张家界环境保护巡察护航。

　　1995 年，站长曾雁湘，被张家界市政府授予"市劳动模范"、湖南省人民政府授予"湖南省先进工作者"、国务院授予"全国先进工作者"殊荣，在人民大会堂受到了党和国家领导人的亲切接见。时任国家环境保护总局局长解振华高度赞扬说："曾雁湘同志，感谢你为环境保护事业做出的成绩，我国的环境保护工作部门成立了二十多年，今天才终于有了我们自己的劳动模范，希望以后作出更大贡献。"

　　同年，还有王立新、吴鹏、董清富、李中文、吴文晖、黄学锋等分别获张家界市环境保护局嘉奖、湖南省立功等荣誉，在张家界环境保护史上写下浓墨重彩的一页。

五

雄关漫道真如铁，而今迈步从头越。

　　1997 年 4 月，曾雁湘荣调广东省环境保护局。接着，李伊胜、黄颖彬、陈晓华、陈军山、李佩耕、李文霞等陆续进入监测站，队伍扩大到 18 人之多。

　　张家界市环境保护局派彭汉寿接任张家界市环境监测站站长，陈志壮任副站长。环境监测站"忠于职守，造福人民，科学严谨，务实创新，不畏艰险，无私奉献，团结协作，众志成城"的品质精神，在新一任班子领导下继续发扬深大，敢于前进，敢于拼搏，敢于胜利。

1997年夏，正是旅游旺季，武陵源景区宾馆人客爆棚，宾馆的锅炉日无暇暑地运作。为了监测锅炉排放的污染源，陈军山、李中文、李伊胜三人肩负起这一重任，带着仪器工具等，在武陵源坚守半个多月，对大小几十家宾馆锅炉逐一监测。

此项监测任务必须在锅炉运作时进行，每天中午客人用餐时间是锅炉运行的高峰期。

有一天，他们连续做完五家锅炉的监测工作时已是下午三点多了，三人早已饿得头晕眼花，走路都像在太空行走般发飘，肚子咕咕叫，随便走进一家"三下锅"小店。老板见来了客人，赶紧热情接待，不一会儿，土家腊肉浓郁的香气就从窗口飞了出来，在空气中飘散，如飘带飞舞在餐厅里，幻化成闪闪发光的金子，点亮了三人的眼睛，刺激了三人的鼻子，最终变成了一首歌：

锅锅嘛架起来呀

逮呀

火火嘛点起来呀

逮呀

猪肚羊肚加牛肚啊

腊肉萝卜炖白菜啊

猪脚羊脚加肥肠

一锅子全装下

三下锅啊

麻麻辣辣　麻麻辣辣

……

　　三人胃口大得惊人，如同巨兽般疯狂地扫荡着桌子上的饭菜。老板用具有土家特色的小木桶盛饭，一次能装下两斤米的饭。三人以横扫千军之势吃完第一桶，感觉肚子还空着，又要了第二桶。三下五除二，秋风扫落叶般干了个底朝天，还不饱腹再要了第三桶。还是不费吹灰之力，又吃了个精光，每人都足足吃了两斤米。吃得如此之多，食物就像倒进无底洞一样无法满足，"三下锅"的老板差点惊掉了下巴。

　　结账时，老板说："都像你们这个吃法，我这点小本生意要亏死啊，你们加点饭钱吧！"

　　"不好意思，让你见笑了，我们早上吃的稀饭馒头，忙到这个时候才吃午饭，实在太饿了。加钱，应该！"李中文边回答边交钱，为老板多给了十元饭钱。

　　环境监测人就是具备这样一种坚韧不拔、勇敢坚强的精神状态，以顽强的生命力和不屈不挠的意志力，以高度的责任感和使命感为环保监测事业默默奉献。

位于武陵源袁家界境内的百龙电梯，以"最高户外电梯"之名载入了吉尼斯世界纪录。这项工程启动前夕，开展环境影响评价的艰巨任务落到了吴鹏、李中文、陈军山三人身上。

1998年8月下旬，正是"赤日满天地，火云成山岳"的酷暑，三人带着仪器，由黄学锋驾驶摩托车送他们到金鞭溪。那时袁家界还没有通公路，下车后，李中文坚持用箩筐挑上六七十斤的仪器工具等物件徒步上山。

当时陈军山刚从张家界技校调入监测站，不善体力工作，吴鹏又因为天子山挑机子时摔跤，导致产生心理阴影，因此两人坚持请滑竿队抬机子。吴鹏说，这条路陡峭险峻，空手走都要三个多小时，你挑机子上去，既危险又耽搁时间。但李中文说："请滑竿要钱，单位现在还困难，节约一个是一个，我年轻有力气，担子我全包，你们跟着走就行。"说完，他吹了一声口哨，便挑起了担子，从紫草潭左拐上坡，向袁家界走去。

李中文中等身材，体格结实健壮，穿戴简朴，非常节俭，为了省电，大冬天办公室都不开空调。他1968年10月出生在张家界市永定区沅古坪镇，中共党员，现任张家界市生态环境局综合协调科科长。父母都是农民，家里三兄妹，他是老大，七八岁就上山干活，挑水担柴、开荒种地、栽秧割谷样样都会。为了减轻父母负担，小时候自己上山砍柴，十四五岁就背着一百多斤木柴，徒步十多里，送到欧公洞供销社，换得一元多钱。当时木柴一块钱一百斤，一个假期可以赚几十元，是一笔不菲的收入。经历千锤百炼，他具备了吃苦耐劳、百折不挠的硬骨头品质和体质。

三人走入长长的沙刀沟，这条沟的源头就在袁家界。袁家界山上是由上坪、下坪两个组组成的一个村，没开发旅游之前，山上非常荒凉，山里的人如同生活在原始社会。吴鹏不时地说些天南地北的趣事，以此驱散爬山的劳累。

李中文不愧是农家子弟，活脱脱一副挑夫的模样，他在前面随着扁担发出"嘎吱嘎吱"声响的节奏，以近似竞走的速度前进。

陈军山第一次出任务就遇上这份苦差，跟不上李中文的脚步，累得叫苦不迭，越走越掉队，每当这时，吴鹏便叫李中文停下休息，等陈军山追上后，再继续前进。

就这样一直绕着沙刀沟盘山而上，一路上三人走得黑汗长流、全身湿透，腿都快走成罗圈腿了。两个多小时，好不容易来到了令人望而生畏的乱窜坡脚下，在这里吃了些饼干，喝了些水，休息调整养精蓄锐，准备迎接更大的挑战。

俗话说，动口三分力，吃了些东西后三人又有了劲头，李中文挑起担子向乱窜坡进发。这个坡有四里多路，一个石墩接一个石墩，有的地方山壁陡峭，若不拉开距离，前面人的脚后跟就会打到后面人的鼻尖。李中文正是气力雄健、精气十足的大后生，像登山队员那样从容不迫、气势如虹。

经过几个高陡的石墩，李中文扶稳扁担，猛虎越涧般轻松跨越。有几处险要，就像红军奋战天险腊子口一样，李中文脸不变色心不跳，以"五岭逶迤腾细浪，乌蒙磅礴走泥丸"的气势跨过。只是苦了陈军山，手脚并用才爬了上去。三人用钢铁般的意志战胜了乱窜坡，胜利地站到了"天悬白练"的崖壁下。

面朝秀山奇峰，清风习习，空气中弥漫着湿润的山野气息和淡淡的花香，李中文伸展身体深呼吸，感受着大自然的无私馈赠。

在此休息一会儿，力气又恢复了。李中文挑起担子仍然龙腾虎跃地冲在前面，不一会儿，来到自生桥对面的"望桥台"。这里离袁家界不远了，可时间正是烈日当空的正午。李中文越战越勇，而陈军山身上的衣服湿了干，干了又湿，腿像灌了铅一样越走越沉，疲惫不堪，头重脚轻，只觉长路漫漫遥遥无期，像过了一个世纪那么久。吴鹏鼓励他，苦不苦，想想红军二万五；累不累，想想革命老前辈。在这个鸟肠子样的小道上苦苦挣扎了足足五个多小时，下午两点多终于到达袁家界下坪村——百龙电梯上站工地。

来到住地，李中文感觉肩膀火辣辣地痛，脱下衣服，只见两肩已经磨得血肉模糊，晚上洗澡时，如同烙铁上刑令人痛不欲生。

第二天，他像没事人一样和吴鹏、陈军山一起投入到紧张的现场勘察工作中，在山上生活了一个星期，圆满完成任务。

这些环境监测人，在一件件、一桩桩平凡的故事中，乐观向上，用血肉之躯书写壮美人生，也留下许多刻骨铭心的磨难经历。李中文说："做好环境监测工作，除了拼搏，我们别无选择。这样的经历太多了，每人都有几火车皮的故事，说起来太长，我就不说了"。

我们似乎透过这些历史的碎片，穿越时光隧道，重温了环境监测站艰苦奋斗、风雨兼程的峥嵘岁月。

张家界的生态环境监测站像接力棒一代一代往下传，从曾雁湘、彭汉寿、杨成刚、吴文晖到现在的胡家忠，是他们带领张家界环境监测人，用青春与奋斗点燃了当地环境监测事业的希望火种，也留下了"忠于职守，造福人民，科学严谨，务实创新，不畏艰难，无私奉献，团结协作，众志成城"的先锋队精神和无数令人振奋的环保故事。

二、十九大代表是个"山水郎中"

　　他很忙，不是忙做实验分析，就是在忙写报告单；不是在省里开会，就是在出差的路上。找了多次，连人影都没见到。

　　今天终于在实验室见到了这位土家族汉子。他个子不高，干练有序，表情朴实，眼中有光，具备超乎常人的坚韧和刻苦，说话语速和他的做事风格一样，快而不乱。他就是十九大代表黄斌，正在为水体检，往多功能试管架上的试管里注入用于检测各种项目的水样，做完手头的工作，他告诉我，这是在做月常规水样实验，好比为人做血常规，但比血常规困难复杂。

　　制订方案、现场调查、采样、样品接交、填写原始记录、前处理、分析测试、写报告单。

　　黄斌不愧是位优秀的"山水大医"，肚里有货，口边有料，那些酸楚的、甜蜜的、苦涩的故事如滔滔江水连绵不绝。

　　黄斌，1987 年出生，张家界永定区人，中南民族大学毕业，全日制本科学历，高级工程师，十九大代表，现任湖南省张家界生态环境监测中心支部委员，主要从事环境中水、土壤等样品分析及分析技术科的管理工作。父母都是农民，家境贫寒，他自幼发誓一定要通过读书改变命运，改变祖祖辈辈在土旮旯中寻求生活资源的生活方式……因此，他发奋读书，2002 年当地中考总分 760 分，他以 728 分的高分考进张家界一中高中部重点班，尤其化学成绩突出。两兄弟同时上学，父母拿不出钱供他上大学，只好借国家助学贷款帮助其完成学业。参加工作五年后才还清债务。幸运的是，他在大学专攻应用化学专业，从而有机会成为一名与科学实验打交道的环保战士。

　　2009 年毕业后，黄斌去了北方某化工厂打工，他见识了当地的环境。北方煤矿、钢铁厂较多，冬天烧煤量大，导致空气污染，雾霾天气严重。有一段时间，央视每天报道雾霾天气情况，全国很多地方出现雾霾天气，特别是冬天，有时，能见度仅有几十米，最多也不到两百米，空气污浊不堪，弥漫着二氧化硫的刺鼻味，经常要戴口罩。野外很少看到绿色植被，灰蒙蒙的天，铅沉沉的地，车一过，人不见了。触景生情，他想起家乡张家界的青山秀水如果变成这样，那将是多么可惜又可怕的事情。这么想着，从此就开始关注环保。或许是心有灵犀，"灵犀一点天降来，幸运拥我两眼开"。不久，有同学告诉他，张家界市环境保护局正在招收一名监测员，于是他回乡应聘成功，成为一名环保人。从此下定决心，和其他环保人士一起，为保卫家乡的绿水青山，保卫自己的美好家园，为子孙后代留下美好的环境，做出自己的努力。

那时，他只是个临聘工，面临人手紧缺、技术薄弱、资金不足、仪器设备差、有机物大部分项目无人做的艰难局面。

通过两个月实践，领导胡家忠觉得黄斌做事踏实，吃得了苦，霸得蛮，勤奋上进，就问他有没有决心拓展有机物检测新项目，开辟监测新路子。黄斌回答："有决心，必须有。"他的语气十分笃定，俨然是位久经沙场的老将。采访之前我就得知，黄斌正是湖南省张家界生态环境监测中心监测事业新道路的奠基者。

从此以后，黄斌闭关三个月，冒险三个月，除了吃饭睡觉上厕所，他都待在实验室，整天像侍弄婴儿般小心翼翼地和试管亲近、同仪器交流，与有毒药水打交道。有毒试剂含有致癌物，会损害人体健康。长期与刺激性药品接触，会导致嗅觉功能遭到损害，对某些气味反应迟钝。他从不顾虑这些，每天第一个进实验室，最后一个离开实验室，没按时吃过一顿饭，没按时下过一次班。因为每个实验都必须一鼓作气完成，否则，关机后再做，不仅浪费材料资源，而且实验还得重做，浪费时间和精力。做实验时，他经常没时间吃中餐，饿得头昏眼花，有时实在扛不住，就啃几口剩馒头充饥。

做实验不仅耗时费力，更让人头痛的是还要写报告单。照着机打报告抄写、计算，再用相关信息填写原始记录表，半小时的实验分析，写原始记录单却要一天，经常写完报告单，手臂已发麻，眼睛都冒了金星。每年要写出超过三万多项监测数据。

"这世界上不缺专家，不缺权威，缺的是一个人——一个肯把自己贡献出去的人"。黄斌就把自己贡献给了实验室，连睡觉都在操心监测实验，三个月内独自潜心研究，开发出有机磷、苯系物、氯苯类、硝基苯类、醛类、邻苯二甲酸二丁酯、邻苯二甲酸二（2-乙基己基）酯等10个项目。为了更好地拓展难度较大的有机项目，领导派遣他前往长沙市环境监测站进行为期两周的培训学习。在那里，他如饥似渴、没日没夜地吸收实验分析技术以及专业知识。结束学习归来后，便一头扎进实验室，继续他的开发项目。

他勤快得让人匪夷所思，以万丈雄心和岁月较劲，不让时间闲着，天昏地暗，难解难分。

他工作时拼命，甚至把拼命精神带到了梦里。

遇到紧急任务，加班至深夜，很多时候他通宵达旦地读书、查资料。做实验时困极了，就在实验室小憩一会儿，完全忘却了自我，全身心投入到为水质"体检"、为污水做"解剖"、为土壤做"扫描"之中。有些实验，反复做多次，直到达标才肯罢休。

　　分析室总共只有7人，但他们承担了百余个项目的分析工作，任务量大的时候，黄斌恨不得一天有三十六个钟头，恨不得学孙悟空，拔几根汗毛变出无数个监测员来帮忙。特别是遇到采测分离任务，一次三百多个限时样品，需立即化验，根本忙不停，领导发动全站有上岗证的人都行动起来，从7人变成20人，这样才突击完成了任务。

　　送走黄昏，迎来黎明，黄斌做完了多少个实验，写下过多少份报告单，又熬了多少个不眠之夜，最后每件事都在规定的时间内完成了。因为没有钱，实验室条件简陋，通风系统设备的排气处理器质量低劣，加上个人防护意识差，仗着自己年轻，以身体为代价，抗衡有毒气体，每天做完实验，头就像喝醉酒一样晕眩胀痛，但他仍然坚持、坚持、再坚持。有一次，他正在做醛类项目实验，按照国家和行业标准，连续做了两次，都不达标，接着又做了第三次。

　　当天下班时，他做完第三次实验，一看结果，又失败了，顿时头昏、焦虑、烦躁、恶心、疲倦一同击中了他，这个22岁的小伙子，突然身子一歪倒地昏迷。所幸，科室主任龚黎明还没下班，火速叫车将黄斌送往医院救治。白衣天使们一番抢救输液，才把这位"山水郎中"从鬼门关拽回了人间。

　　看到黄斌苏醒过来，守在他身边的科室主任龚黎明绷紧的神经才放松了下来，黑着的脸恢复了正常，悬着的心也复了位。

黄斌却轻松地说："我觉得有点饿，其他倒没什么。"

医生嘱咐他住院观察两天。可黄斌当晚吊了几瓶药水，在医院睡了一觉，第二天就回到实验室忙碌了起来。为了攻克醛类实验的难关，他接连打了几个电话请教同行，都没有得到想要的答案。

苦心人天不负，最后一个电话帮他解了惑。长沙生态环境监测中心站分管分析的有机物专家许雄飞教授在电话里耐心指导，做出准确判断，告诉黄斌在样品前处理环节上的温度设置和恒温时间要控制好，一语道破实验的关键。找到了"治病良方"，黄斌终于可以"对症下药"了，第四次实验获得了成功。那天晚饭他连吃三大碗，吃得特别香。

内心充盈的人，他的心是自带光芒的。这位在大学时期就加入党组织的优秀人才，身体力行地践行着一个共产党员的无私奉献、不怕牺牲的战斗精神，在平凡的生命中绽放出非凡的光芒。

就这样三个月过去了，黄斌以探险家的胆识、毅力和能力，把监测实验中最烦琐的工作做到了极致。他凭着自己坚韧不拔的意志和虚心求教的虔诚，成功开发了有机物35个项目中的其中30项。地表水项目109项，他开发了其中69项。不得不说，真是"功名祇向马上取，真是英雄一丈夫"。

黄斌一心只做实验分析，从细节做起，从难题入手，以非凡的惊人之举开创了张家界环境保护监测史上最牛纪录，打破了沉寂多年的监测冷门。

谈到实验成本话题，他说，各种试管、药水等耗材，都是用钱堆起来的。150 多万元的仪器，一块主板 7 万元多，电源 10 万元多；燃烧用的氩气，一瓶 700 元，只能烧 4 个小时。实验分析有化学化和仪器两种。化学化就是用手工做，可以四舍五入做到 ppm 级就算满足要求。若要求精准到 ppb 级的项目，必须使用仪器进行实验。仪器做的结果精确度高，但成本也高，一般简单的实验都选择用手工做。如高锰酸盐指数、化学需氧量、时效性短的细菌类、BOD_5 等。这些实验用手工做，一次几千元就可以搞定；但是用仪器做这些实验，则要花费几万元或十多万元不等。

为了节约成本，黄斌凭借自己丰富的经验，同时进行元素习性相近的实验，一次做几十个项目或更多，在试管上编号，在整个过程中他像钢琴家熟识琴键上的音阶那样从容不迫、自信坚定地一气呵成。但对待元素相克的项目时，就只能学关羽唱"单刀会"，防止它们上飘下降，影响数据结果。因此他合理安排，把几次的实验一起做，或把大部分一般元素实验用低成本方法做，把成本当作自己的钱包一样控制，做监测分析事业真正的主人翁。

在黄斌看来，监测分析就是整个监测中心的基础，基础不牢，地动山摇。他说，环保工作类似于医生，医院是治病救人，而我们是治理环境。按时给环境做检查，及时掌握环境状况。发现环境有问题，及时上报要求治理。治理前要做一系列监测，通过监测数据查出问题的原因和受污染的程度。在治理过程中或治理结束后，再做一系列的监测，进行前后对比，查看治理效果和恢复情况。

每项实验，在不同的环境中、使用不同的设备、采用不同的样品，都会有不同的变化。比如做土壤消解，常规情况下应加入 5 毫升硝酸，但有的土壤样本消解不完全，有杂质或多种元素，需要根据经验来调整仪器、参数、试剂用量、温度等，需要有应对各种复杂的突发变数能力。这个"5 毫升"的常规数，要根据实际情况或增或减。就像开车，一般的公路任何司机都能开，但在山路、弯路上倒车、让车，野外没有定点，要靠自己随机应变。

提起独自拓展新项目的事，黄斌皱了皱眉头，两手按在太阳穴上，仿佛有紧箍咒戴在头上。他说："太难了，遇到困难，也没人商量，有时一个小问题，自己钻牛角尖怎么都想不明白，旁观者清，这时只要有人提醒下就明白了，可就是没有这样一个人啊！"

与智者同行，你会受益匪浅。后来开展重金属项目时，黄斌遇到了贵人，一位良师益友——本单位的高级工程师李文霞，她"谦虚温谨，不以才地矜物"，完全没有怕被别人抢饭碗的思想，热心指导，主动帮忙，苦口婆心指导三年，将自己所有知识倾囊相授给了黄斌。很多她也解决不了的难题，通过给多年来在省里认识的专家教授打电话代黄斌请教，从而攻破了一个又一个难关，直至重金属实验项目全部突破，说到这里，黄斌疲惫的脸上露出了久违的笑容。

河蚌久经阵痛终能强壮自我孕育出璀璨的珍珠。通过几年的"磨砺以须，及锋而试"的艰苦奋斗，黄斌早已历练成为监测领域挥洒自如的技术骨干。2013 年底，他顺利考进张家界市环境监测中心站，撕掉"临聘工"标签，成为正式员工，迎来了自己人生的新阶段。

2014 年，是黄斌苦乐同行、祸福相依、痛苦与辉煌并存的一年。4 月 15 日，领导派遣他到位于北京的国家环境分析测试中心学习一个半月。他非常珍惜这次机会，孜孜不倦"充电"学习，接受了更为系统的专业培训，理论、实践、监测技术突飞猛进。

回到工作岗位后他更加努力拼搏，每天都在超负荷工作。2014 年夏，为了参加全省环保、住建、水利三大系统的大型比赛活动，黄斌不知疲倦地拼命准备。

一天，黄斌做完实验走出单位大门，只见天色一片昏暗。他骑上摩托驶离，行至小河坎，天黑得像锅盖扣在头顶，完全看不清道路。老天像发了狂一样，雷公电母搅得天地间风吼雨啸，风雨中他误将油门当作刹车踩下，摩托车随即飞出了抛物线，呼地一声，撞到了树上，撞击的巨大力量狠狠地将他摔出几丈远，身体在公路上与砂石摩擦了几米才停下，左膝、腿、臂血肉模糊，四块伤疤像剥了皮的兔肉，沾满了泥沙灰尘。他强忍着剧痛爬起来，一瘸一拐地到就近一家私人小诊所开了点药自行处理了事。

当时正值参赛前夕，事故发生的第二天他依然咬牙坚持，拖着瘸腿伤手来上班。领导和同事见他伤得不轻，都劝他休息，另派邱帅参赛。但他还是坚持工作，直到几天后，他的手臂和腿肿得像火箭筒一样，痛得他龇牙咧嘴大汗淋漓，这才愿意前往人民医院治疗。由于当时伤口清洗消毒不彻底，到达人民医院时已引起严重发炎。医生说，你再迟来两天，左臂、腿就要废了。

车祸可以摔伤他的身体，但伤不了他的理想和意志，人这一辈子，哪个不是在摸爬滚打中成长壮大起来的！他每天到医院吊完点滴，再到单位上班，拖着受伤的身体，却一直坚持到实验室，站在旁边看邱帅操作，边看边学习做实验。同事们一再劝他休息，担心做实验对伤口痊愈不利。不管别人怎么劝解，他这匹骏马，一直都不用扬鞭自奋蹄。

监测分析已经是烙在黄斌骨子里的人生符号。黄斌失去了比赛机会，心里难免有些失落。因为这次比赛较往年规模更庞大，往年只有全省环保系统比赛，而这次全省三大系统全部参赛，含金量比往年高几倍。2011—2013 年，黄斌虽参加过三次比赛，但只拿到过二等奖，因此他暗下决心，不拿到第一不罢休！

随着黄斌的伤情慢慢好转，幸运之神开始重新眷顾他。比赛前一个月，张家界市住房和城乡建设局所属澄潭水厂参赛选手，因有事无法参赛，按比赛规定每个市（州）都要有3人参赛，领导安排黄斌替补上去，他重获参赛资格，获悉这个消息他比初为人父还兴奋。

张家界市环境监测中心站因为人员少，参赛人员不仅要做赛前准备，还有各项监测任务必须完成，因此只能赛前临时抱佛脚，黄斌和邱帅到湖南生态环境监测中心学习两次共8天。水利系统人多，他们的选手培训一个月。很多市（州）单位的人更多，他们的选手赛前基本脱产培训。

比赛来临，他的伤口基本痊愈，但左腿、左手臂上留下四朵"威廉·莎士比亚"式"玫瑰花"。2014年9月24日，他就是带着这四朵"玫瑰花"走进长沙环境保护职业技术学院——职业技能人才展示自我的舞台上。在这个"神仙打架"的赛场上，黄斌以破釜沉舟般的勇气、才思敏捷的实力和坚不可摧的技术，势如破竹般完成了笔试考卷和技术操作比武。不曾想，他这个替补队员，竟然新鲜出炉，满血复活，燃爆现场，有点出乎意料的精彩，夺得了湖南省水环境监测职工职业技能大赛第一名。当他站在金光闪闪的领奖台上，那笑容比奥运会冠军还要灿烂。

说到比赛，黄斌深怀感激地说："这次比赛，单位领导特别重视，同事之间非常友善，大家相互帮助、互相扶持。赛前那段时间大家的任务都很重，但是为了让我全身心投入比赛，取得佳绩，大家主动为我分担任务。连续三个月，起得比鸡早，睡得比壁虎晚，每晚都要加班至深夜，回家较远，周渺峰、李佩耕两个领导用自己的私家车轮流送我回家，受伤后到医院治疗同样来回接送。在这样一个和睦温暖的家庭里，在这样一个互帮互助、肝胆相照的氛围里，我是何等幸福和快乐啊！所以再多的苦再多的痛也要扛，往死里扛，只要扛不死就得继续拼"。

十三年来，黄斌拼得山重水复、柳暗花明，拼出了真谛，拼出了荣耀和尊严。

在许多媒体上闪动着这样的字眼：

2014 年获"湖南技术能手"，2016 年获张家界市"优秀共产党员"、"全国五一劳动奖章"、"湖南省先进工作者"，2017 年评为"张家界市第六批市级拔尖人才"，2019 年获"湖南青年五四奖章"，2021 年获生态环境部生态环境监测"技术骨干""三五"人才和中国环境报社中国环境网"最美基层环保人"，2023 年 1 月，当选"湖南省第十四届人大代表"和"湖南省第十四届人大环境与资源保护委员会委员"等殊荣。

微光汇聚，终成星河。黄斌在环境监测领域从"大有可为"到"大有作为"，一步一个脚印地走出一条星光大道，最终让自己的梦想开花结果，成为湖南省监测领域同行学习的典范和新时代的弄潮儿。

特别值得炫耀的是，2017 年 10 月 18 日，中国共产党第十九次全国代表大会在北京人民大会堂隆重召开时，刚满 30 岁的黄斌，作为湖南省代表团最年轻的党代表出席了这次大会。

会议期间，他参加了十九大新闻中心在梅地亚新闻中心举办的第八场"打好污染防治攻坚战"集体采访。采访中黄斌运用事例、比喻和数据，生动形象地向国内外媒体记者阐述了环保工作内容和成效，赢得一片赞美声。

黄斌说："我这个农民的儿子，整天和试管药水打交道的监测人，怎么也想不到自己有机会走进雄伟庄严的人民大会堂，近距离地聆听总书记的报告，觉得自己好像有了第二次生命一样，倍感振奋，现在想起来，依然心潮澎湃，久久不能平静"。党的十九大报告指出，建设生态文明是中华民族永续发展的千年大计。生态文明建设功在当代、利在千秋，实行最严格的生态环境保护制度等文句，给了环保人强大的精神支撑和坚定的自信，以后干环保工作的底气更足，信心更大。

他还自加压力地讲："张家界市环境监测中心站承担着全市的环境监测任务，是张家界市目前功能最齐全的监测机构。作为一名基层环境监测员，坚守在平凡的工作岗位上，我会始终牢记自己是一名党员，用最好的监测水平服务社会、带动环保人，做守护山水安全的'望远镜'"。

从北京回来一进单位，换上白大褂，戴上口罩和手套，全副武装走进实验室。他说："自己得了这个荣誉回来，该做什么还得做什么，生活还得继续，工作还需努力，我还是个'山水郎中'。"他的言行彰显着一名普通共产党员的朴素与深远，平凡与伟大。

三、她用试管装着"青山绿水"

一

和黄斌一样，邱帅也是湖南省张家界市生态环境监测中心技术分析科的监测员。两人同一天考进同一个单位，成为并肩作战的环保卫士。邱帅的家在湖南省宁乡市，离张家界两三百公里，那时候她根本没想到，有一天她会在这片神奇美妙的土地上开启生活新篇章，用手中的试管闯出一片"天地"来。

如今黄斌是技术分析科科长，邱帅是副科长，真是相逢亦相识，同道且同行，乃三生幸事。

1989 年春，邱帅出生在宁乡市夏铎铺镇香山冲一农户家庭，父母为她单取一个"帅"字为名，宁乡话"帅"读"赛"，寓意女儿长大后赛过男孩，希望女儿将来成长为能担大任的栋梁之材。望子成龙，望女成凤，天下父母心。

邱帅的成长轨迹真的顺着父母希望的方向发展。虽是独生女儿，可她没有一点娇生惯养的独生子女病。家里条件差，为了赚钱养家、供女儿上学，她父母都在长沙私人企业务工。邱帅 6 岁开始读书，在乡野山道上独来独往，比男孩还胆大。从小学会做饭、洗衣、扫地等家务，捣腾锅碗瓢盆刀勺筷、柴米油盐酱醋茶的熟练度，如老厨师开店那么得心应手，骨子里有一种自强不息、坚韧不拔、拼搏奋进的不服输秉性。

2011 年 7 月，她从长沙学院毕业，运气不错，刚出校门，正好赶上娄底市环境监测站招考监测员，她报了名，并从众多考生当中脱颖而出，笔试、面试轻松过关，一举成为一名环境监测的"绿色天使"。

在这里，邱帅邂逅了一位友爱慈善的分析室主任，她是个非常有工作经验的中年人，上班第一天，语重心长地对新招的监测员说："因工作性质不同，做一个环保监测人，必须要有思想准备，上班几十年，与同事相处的时间远比家人长得多。做事不要怕累，年轻人力气使了又有，今天累了，睡一觉就恢复了。希望你们的人生词典里只有'永不言败'。"此话是邱帅走上社会后听到的最接地气的教诲，也是对她的期望和要求，同时也深深地影响着她的未来。

初来乍到，跟师傅学习一个星期，她就可以在实验室单打独斗了。

那时候采样、实验一肩挑，夏天顶烈日，冒酷暑，冬天踏冰雪，迎风霜到各个采样点有点像探险家探险一般完成各项采样任务；回来后角色转换，拿起试管在仪器前忙来忙去，工作非常烦琐、劳累，但想起主任的话，她干劲倍增。很快，她就成为娄底市环境监测站监测分析的技术骨干，深得领导和同事们的信赖。

"抛出橄榄枝，良禽择木栖"。两年后，张家界市环境监测中心站向社会公开招录监测员。得到消息后，她心里比十级鼓手的鼓点还激昂，立马向主任说出了自己的想法。主任听后黯然神伤，为没编制、留不住人才而难过。

接到通知那天，邱帅还在娄底市环境监测站实验室做监测分析，直到完成任务才匆匆拉着行李箱，走出实验室大门，她扭过头来，回望她工作了两年半的实验室，回望她的青春。她这两年多的青春化作监测分析过程中的每一个细节，被她日复一日循环往复地运作。实验室有苦有累，有失败有成功，当然更多的是磨砺与成长。远远的实验室主任朝她走来，此时无声胜有声，两人相顾无言，含泪惜别，最后主任打破沉寂说："记住，永不言败！祝你好运！"邱帅"嗯、嗯"点头，早已泪崩。

别了娄底市环境监测站，邱帅来到伯父家，准备乘火车去张家界。晚饭时，她的手机响了，是娄底市环境监测站分析室主任打的。她风趣地说："人不留客天留客，不仅我舍不得你，老天也舍不得你。"
接着说出实情："这个时候打扰你，实在不应该，但这项紧急任务，
没人会做，请你回来帮帮我吧！"

听到这里，邱帅二话没说，放下碗筷，直奔娄底市环境监测站，
在实验室经过三个多小时的观察、分析、总结，坚定而出色地完成了
任务。

做完实验，她独自搭的士赶往火车站，乘坐晚上 11 点的火车，向
着张家界这个国际旅游城市出发，开启她更高远的新征程。

二

2014 年春，邱帅来到灵山秀水的张家界，来到环境监测中心分析
室，与试管、仪器为友，与科学监测同梦。因为监测工作的性质，每天，
她在认真细致的水样处理、污水检测、土壤分析、解释和记录等琐碎
的忙碌中度过；在千篇一律的工作流程中枯燥乏味地消耗青春，故而，
这个行业中有很多人干几年就生倦怠感，想方设法跳槽改行。邱帅可
不是这样，她格外珍惜自己的这份工作，特别珍爱环境监测事业，每
天都以饱满的热情和无限的激情投入工作，严格细致分析测试每个项
目，充当环保工作的"摄像头"和"前哨兵"。很快，她不仅深深地

爱上了自己的事业和工作，还爱上了张家界的山山水水，更爱上了这里的土家族人，2015年底，她和同一科室的检测员王剑波，在家人的祝福声中走进了婚姻殿堂，结成天作之合的终身伴侣。

说起做实验的经历，邱帅焦虑得不堪回首。第一次做 ICP-MS 单标标准样品配混标曲线标准溶液实验，她一个人在实验室整整做了半个月。做一次，浓度不达标，接着又重做；一次又一次反复不停地做，并在重做的同时更加仔细琢磨，细心观察，认真分析，寻找原因；坚信自己，定把实验做成功，不做成功誓不休。后来茅塞顿开，原来，里面有两种元素不能用"单标"配"混标"，此难一解，圆满收官。

邱帅说检测中最令人头痛的是，实验中途仪器突然停摆，那才真的是欲骂无语、欲哭无泪。有次，实验即将做完，气相色谱仪竟然毫无征兆地坏了，可把邱帅气炸了。拆下自己修，修好了，继续做实验，不一会儿又坏了，再修，它"绝症"了，修不好，只好另请高明。将色相分析仪寄回厂家，进行"大手术"，"内脏"全部换新。张家界市环境监测中心站的有机物项目就像这样的磕磕绊绊、跌跌撞撞，历经了四个多月的艰苦探索、研究分析、实践追寻，总算全面完成。

2015年5月，做地表水总氮检测实验时，药品换了好几种，做了几天的样品都没有结果；大家都垂头丧气时，又是邱帅坚持不懈，通过查资料、与同事交流、向总工请教，再经过数天上百次的实验，终于找到重结晶的方法，做出了达标样品。

2016 年，她怀着身孕，忍受强烈的妊娠反应，每天呕吐不止，依然早出晚归坚持做实验。

2018 年，她独立完成铜、铅、锌、镉等十几种元素的扩方法及计量认证评审工作，拓展了用 ICP-MS 分析多种重金属的监测分析能力，节省了大量人力、物力，为整个张家界市环境监测中心站树立了典范。

三

2016—2018 年，这是邱帅人生经历中一段难以忘怀的艰难岁月。这些年，她无私奉献、呕心沥血、兢兢业业、勤奋工作，为做好环境监测分析而不懈奋斗，可以说无悔人生、无愧事业，但凡事难以完美，忠孝不能两全，她总觉得愧对父母，亏欠孩子。

2016 年 9 月，她的第一个孩子出生了，本是皆大欢喜全家幸福的事。谁知，命运捉弄人，就在这年，她父亲查出肺癌。这一变故把邱帅的天捅了个窟窿，使她的生活、工作顿时困苦不堪。邱帅的母亲既要为她带孩子，又要照顾她父亲，她父亲经常住院，邱帅的孩子只得暂时请人看护。

随着她父亲的病情加重，母亲为了照顾父亲，九个月大的孩子就不得不离开父母带回宁乡抚养。想起这事，邱帅心里像刀扎一样。她说选择环境监测，就意味着选择了绝情与失去，往往需要突破骨髓与血液中的藩篱，超越世俗甚至包括人情冷暖的常规，书写连自己都不曾想过的神话。

身上若无千斤担，谁不愿见父亲最后一面？2017 年年底，环境保护部安排部署的湘西土家族苗族自治州花垣县污染土壤调查样品分析任务，经历四个月苦战，已接近尾声。而这时，挑大梁的黄斌因参加一个重要会议而出差在外，能胜任这项工作的另一位技术骨干就只有邱帅了。不料，邱帅父亲历经两年肺癌折磨已陷病危，作为独生女儿，她多想回家在父亲病榻前尽孝，陪父亲走完最后的日子。一旦错过，便是永别，她心如刀割，可忠孝难两全，面对迫在眉睫的紧急任务，她只能舍亲忘我，选择留下来和小组一起并肩苦战。

这次任务非常繁重，共有 122 个土壤样品。为了提高工作效率，她加大了质控力度，多做平行和质控样品；对于同批次质控不合格或消解过程中有问题的，一律重新消解。需要分析铜、铅、锌、镉、铬、镍六个元素，每个样品需做两次。第一次采取烘干法，用最快的速度出结果；第二次采取自然风干法。由于站里其他分析人员都去参加大比武，站里从区县借调两人帮忙，但他们都没有接触过土壤消解，也不会操作原子吸收仪，张家界市环境监测中心站只有一个电热板，所以要分七八个批次进行消解。第一天，邱帅边带他们消解边指导，让他们就地消化。接着她边将消解好的样品上机，一边继续指导他们消解样品。需要分析的元素太多，加之样品浓度差异大，每个元素稀释倍数都不一样，而且那时站里移液枪塑料管还不普及，就用移液管取样品后用比色管稀释，所以分析速度缓慢。从早上 8 点到晚上 12 点，除了中午和下班的时候让仪器休息一下，自己顺带吃个饭外，她就没离开过实验室。足足用一个月时间，终于完成这批样品的分析和数据上报工作。

那些日子每天忙得焦头烂额，节假日也没休息，实验室人少事多，任务重责任大，容不得丝毫闪失。只有在梦里她才做回女儿、做回母亲：多少回为父亲端水喂药，多少回为母亲泡茶夹菜，多少回为孩子喂奶换尿布……醒来却只能泪洗枕头……

人生充满了离别，有些别离是冰冷的，如同寒风呼啸，让人不禁黯然神伤。没有等邱帅的任务完成，她的父亲带着对女儿的无限眷恋离开了这个世界。邱帅母亲怕影响邱帅的任务，没有将这一不幸告诉她，只告知邱帅的领导。得到这个不幸的噩耗，一向慈心为民的胡家忠主任心情非常沉重，心想，这样好的亲属，岂能辜负？于是，他组织班子成员和员工直奔宁乡，替邱帅为父行孝，送亡灵最后一程。

2018 年 1 月 16 日，对于邱帅来说真是个伤心欲绝的日子。她父亲逝世一周后，邱帅才从任务中解脱出来，赶回宁乡秀山冲家中，"子欲养而亲不待"。在母亲的阵阵哭声与叹息声中，她在亲人的搀扶下跪在父亲坟前几次哭倒在地，万爱千恩袭上心头，父亲音容宛在，永别难忘。她艰难地爬至父亲坟前，双手不停地摸索着那块站立的石碑，像小时候父亲抚摸她的脸蛋儿那样亲昵，"爸，女儿不孝啊！"一阵阵撕心裂肺、锥心刺骨的痛，让她再次哭倒在坟前……

邱帅带着难以言说的失亲之痛，回到单位，再次出现在实验室。她说虽然错过了和父亲最后的相处时光，但有一点令她的灵魂得到安慰，那就是在土壤调查样品分析任务中，她出具的数据最终被上级权威机构采纳。

四

邱帅秀外慧中，做事有主见，身上透着一股子敢拼敢闯的湘女精神，颇有巾帼不让须眉之气概。她有过五次参赛经历，2013年代表娄底市环境监测站第一次参加省赛，过度紧张，神经不受管控，拿杯子的手瑟瑟发抖，把试剂摇洒了，重做超时而扣分，与奖无缘。第二次是2014年，和黄斌同时参加全省环保、住建、水利三大系统的大型比赛。那一年印象最深刻，她和黄斌两人拿着两个大箱子，带着各种实验用品，坐五个多小时的大巴车到火车站，再转车去湖南省环境监测中心参加集训。比赛更让她忐忑不安如履薄冰，两次将草酸钠试剂称错，准备称第三次，考官都要她放弃不用称了。说话间，心态放松，实验反而成功，但为时已晚，再次与奖失之交臂。

虽然比赛成绩不理想，但再次锻炼了她的意志。面对挫折，她不放弃，不退缩，不言败，坚信"长风破浪会有时，直挂云帆济沧海"，最终会走向成功的殿堂。

时间来到 2019 年，她已经是两个孩子的妈妈了。就在 3 月她刚剖腹产下第二个孩子，正在休产假。老大也是剖腹产，老二由于脐带绕颈打结，迫不得已而再次剖腹产。当母子平安后，医生把孩子安全抱到她面前时，邱帅高兴地说："孩子带着'中国结'降生，这是吉祥好运的信号！"说得医生都笑了。

5 月底，邱帅还在休产假。那天，在工作群看到参加第十三届省赛人员名单中并没有自己。她觉得这是一次提升业务能力的重要机会，所以很想参加，但有点犹豫，因前两次比武都出现了严重失误。以前参赛是领导安排的，而这次是自己要求的，怕又出现失误影响团队成绩。她向黄斌说出了自己的顾虑。黄斌鼓励她："如果不报名，你就永远无法逾越自己的心理障碍，这不仅是一次挑战和历练，更有可能获得参加国家大赛的资格。"

在黄斌的鼓励下，她立即找领导报名。领导考虑到她产后康复和哺乳期，不宜参加训练比赛。可她却坚定地说："作为一名监测员，只要让我参加比赛，再大的困难都不怕。"她决心已定，毅然决然地与同事樊莹一起报了名。别人都不想参加比赛，躲还来不及呢，可她像古代张骞主动请缨"凿空西域"那样坚定。这一举动让领导和同事们都很意外和感动，并希望她向着目标奔去，带着成就归来。

邱帅和家人说明情况，提前结束产假去上班。她家离单位较远，胡家忠主任对这次比赛格外重视，并全力支持，特殊安排邱帅的丈夫（同一单位的监测员）——王剑波，为邱帅和孩子做好服务。

两个孩子小的才三个月，大的只有两岁半。夫妻俩将老大留给家里老人照顾。王剑波带着三个多月、不能离奶水的"奶寸寸儿"孩子到单位，边上班边照看孩子。双休日不休息，带着两个孩子一起进行实操训练，做邱帅和孩子最坚强的后盾靠山。

回到家，邱帅每天利用小的睡着或陪大的下楼玩的时间拿手机复习。晚上还将两个孩子一边搂一个，坚持坐在床上看书。每到晚上十一二点邱帅躺下睡觉时，老大就拖她起来，说"妈妈不要睡觉，起来做作业"，然后把书和笔放她手上，也算是促她进步的大功臣。

2019年7月26日，邱帅的丈夫用火样的热情，装着大包小包的儿童日用品，载着邱帅和襁褓里的儿子，神采飞扬地驶向湖南省生态环境厅联合省直相关部门开展的湖南省"守护'一湖四水'建设生态强省示范性劳动和技能竞赛暨第十三届生态环境监测专业技术人员大比武现场——长沙环境保护职业技术学院，赴一场热闹的盛大赛会。

7月流火，那是热情的火，美丽的火，点亮了橘园的灯笼，喷香了水中的菱藕，成熟了地里的庄稼……

7月27日，是个激情燃烧的日子，云霞织锦，大地飘香。邱帅将孩子喂饱，然后交给丈夫，她沉着冷静地走向赛场。

在候赛区坐等时，同去参赛的同事樊莹有些紧张，问邱帅紧不紧张，邱帅说也紧张。可樊莹发现邱帅正在手机上看电视剧，疑问道："你这是紧张吗？"

此前她有过两次比赛经历，因而这次参赛多了些淡定少了些惊慌，并以看电视剧来减压调节心情。电视剧讲述女主人公支持理解男主人公带领团队实现为国家争夺冠军理想的爱情故事。这个故事和邱帅的经历极为相似，只是将男女主角换位而已。

一场比赛下来，来不及休息，就忙着给小孩喂奶。因长期抱小孩，右手疼得厉害，加上这天早上小区停电，从十五楼抱着孩子下楼时，一脚踏空把脚崴了，痛得抹泪还咬牙坚持。第二天右脚肿得像炉筒，下午连考两个实验项目，赛场设在四楼，她扶着栏杆一瘸一拐走进考场，以超人的毅力完成了比赛。

经过两天的群英逐鹿，她用多年艰辛奋斗的汗水，浇灌出最绚丽的花朵。以总分第一、个人单项水环境监测第一、团体第二的辉煌成就，将自己推上了冠军宝座，并获得了"十年一遇"的国赛资格。监测领域的这匹黑马横空出世，可谓一战封神，让张家界市环境监测中心站再次闪耀荣光。

五

省赛结束后，湖南省环境监测中心站立即组建了一支由49名优秀选手组成的湖南省"监测湘军"集训队。采取军事化管理、封闭式训练、分批考核淘汰的方式组织备战。

2019年8月，邱帅带着母亲和孩子像搬家一样，来到长沙集训。集训统一安排住在长沙某仪器公司，管理很严，学习期间还没收手机，早上要出操，吃的自助餐，高强度训练，竞争激烈，三个月的集训期间她从来没在零点前睡过觉。

邱帅生孩子是剖腹产，由于恢复时间太短，出现很多后遗症，加上实操训练都得站着，每次训练后全身酸痛，晚上无法入睡。集训期间，过于透支的身体不是这里疼就是那里痛。有次理论选拔考试，题量非常大，因久抱小孩右手疼痛，连续写几个小时的题卷，导致右手疼了半个多月。她每天在实验室一站就是几个小时，超时超量地工作，再加上晚上还要带孩子，身心双重压力，好几次差点坚持不下去了；但她想起自己的选择，想起自己"永不言败"的承诺，意识到比赛代表的不是个人，而是整个张家界市环境监测中心站，她说："人生难得几回拼，为了完成生态环境监测领域赋予的使命，我只有拼了！"

白天母亲把孩子抱到室外等她喂奶，下晚课后把孩子哄睡就已经是午夜零点了，夜里还得醒来几次给孩子喂奶，第二天凌晨六点起床晨跑。那段时间邱帅每天都处于昏昏沉沉的疲惫状态，这种状态直接影响到她白天的学习状况。幸好她的状况被省中心的朱瑞瑞看到后向童教官反映此种情况，特准邱帅不用参加晨跑。但她仍然坚持六点半起床，看一个小时书再去吃早餐。

她好学上进，求知若渴。她每天与试管、仪器样品、试剂为伴，虚心向老师和专家求学请教，身体力行、躬身实践、刻苦训练，以监测人的独特气质，耐心、专注、坚持、严谨、一丝不苟、精益求精地刻苦钻研，日复一日地追求职业技能的不断进步，在自己热爱的领域发光发热。

国庆期间进行最后一次的选拔，确定正式参赛队员，连续四天考核，由于长时间站立，崴伤的右脚又肿起来了，鞋子都穿不进去，她噙泪忍痛坚持完最后一次考核。

　　这时，与她同一科室的同事李琴到长沙办事，顺便去看望邱帅，发现她的脚肿得厉害，回到张家界后，趁着星期天，专乘火车赶到长沙某仪器公司，将自家的特效药酒特意送到邱帅手中。这种千里送鹅毛、礼轻情义重的举动，把邱帅感动得热泪盈眶。半个月后，随着脚伤的好转，培训又开始进行更高级的科学实验，亦即使用便携气相色谱—质谱法测定空气中挥发性有机物监测，由于此项监测有毒，不得不迫使邱帅忍痛给才半岁的孩子断奶。

　　为了事业她不仅付出了艰辛努力，也使孩子和家人跟着一起异常付出、受苦受累。断奶后，母亲只得带着二宝回家。走的那天，邱帅纵有万般无奈和不舍，也只能狠心送别。由于孩子失去母乳，突然喝牛奶过敏，只能喝羊奶。但孩子习惯了母乳，对羊奶有些抵触，饥一顿饱一顿，原本胖嘟嘟的二宝一下子瘦了一大圈。更苦的是邱帅的母亲，看着刚断奶的小外孙吃不饱、睡不好，日哭夜啼，为了照护孩子已累得筋疲力尽。

　　天道酬勤，付出总会有回报的，三个月的集训、三个月的拼搏即将冲刺，最终通过 7 次理论考试和 3 次操作考核，邱帅从 49 名精英中顽强胜出，成为湖南省 4 名代表之一，即将参加国家比赛。

　　2019 年 10 月 31 日，第二届全国生态环境监测专业技术人员大比武在江苏南京博览中心拉开了帷幕。

金秋十月，天高云淡，是一个收获而又充满诗意的浪漫季节。邱帅神清气爽、风光满面地走进赛场，仿佛走进一个崭新的世界，偌大一个现代化方形台面，摆在赛场正中央。这里没有一盯一的考官，也没有随时请示的困扰，只有默默无声的摄像头护卫着每一位参赛者，各省监测高手在此比技献艺、尽显风流。

在这种全国生态环境监测专业技术人员大比武的赛场上，邱帅感觉轻松自在，也很骄傲，有一种远离浮华、静谧安然的心灵美感。她气定神闲、泰然自若，没有束缚，没有羁绊，她的激情、她的技能在这一刻得到了充分释放，一切如行云流水一气呵成，她成功了！她用凝结着无数艰辛与磨难的小小的试管成就了自己，实现了理想，取得了比赛个人一等奖的杰出成绩！

一起参赛的其他三名队友也斩获个人一二三等奖，团体二等奖，湖南"监测湘军"大获全胜。这些从"惟楚有材，于斯为盛"的伟人故里走出来的潇湘子弟，"铁骑横空战未休，湘军英勇向前走"的精神之光，再次在他们身上大放异彩。

邱帅凯旋，领导和同事们围着她欢呼雀跃、欣喜若狂，为她骄傲，为她自豪，为她歌唱：

腾飞的理想

……

我们有着无限的智慧和力量

为了我们的事业让理想腾飞

让我们欢呼放声歌唱

像太阳东方升起

散发出万道光芒

为了子孙后代

为祖国繁荣富强

现在就要开始创造

一鼓作气走向阳光

我们就是时代的领路人

走在新世纪的大道上

六

"钗裙也可作利刀，巾帼从不输须眉"。邱帅是一个不甘于平庸、不安于现状、不止于向上的"拼命女郎"。2021年7月28日，一场突如其来的新冠疫情，使张家界这座城市按下了"暂停键"，疫情防控形势严峻。

湖南省张家界生态环境监测中心的环保人，责无旁贷成为"逆行者"。邱帅接到命令，毅然告别亲人、离开家庭，自己带着日常用品，义不容辞地住进单位隔离一个月。她每天与技术分析科科长黄斌、于湘红、高峰及田丰等技术骨干们，冒着随时被感染病毒的风险，对隔离酒店投药点和市城区污水处理厂水质进行监测。他们每天要去到隔离酒店采样，那一段时期天气变化异常，时而大雨倾盆，时而骄阳似火，阵雨来时一身湿漉漉，烈日暴晒一身汗淋淋。穿着隔离服、戴着护目镜进行样品分析，这对戴眼镜的邱帅来说真是备受折磨。每当得知某隔离酒店出现阳性病例时，他们的内心其实都难免极度害怕，但怕归怕，始终不离不弃坚守岗位，夜以继日地进行实验分析。同时还承担国家网土壤理化三项 170 多个样品，加质控 200 多个样品的实验分析。这些实验项目有时效性，因为疫情已经被耽误了一个月，为了完成任务，只能增加多于平时三倍的工作量，连续晚上加班，使大家极度疲惫、劳累不堪，真的是走路都想打瞌睡。

有天一大早，邱帅母亲打电话说二宝不合时宜地发烧了，不吃不喝，医院也不敢去，不知是不是"阳"了。邱帅说肯定感冒了，家里哪来的"阳"？叫母亲给孩子喂家里备用的感冒药，嘴上虽这样说，但心里却焦急不安，非常时期，她回不去，家人也出不来，那晚邱帅彻夜难眠。第二天孩子高烧 40℃，母亲一着急，在电话里对邱帅好一顿指责："哪有像你这样当妈的，什么工作比孩子还重要，个把月不回家。

我也发烧了，是不是也'阳'了，哎呀，如何是好？"邱帅也不反驳，不由分说，叫丈夫带孩子和母亲火速去人民医院就诊，是"新冠感染"还是日常感冒都得弄个明白。

经长时间排队就诊检查，孩子患甲流感冒，母亲也属日常感冒。

邱帅悬着的心终于放下了，又埋头全身心地投入到工作中。

通过一个月的艰难鏖战，邱帅和"逆行小组"在实验室与疫情较量一个月，以坚韧、担当、坚强勇敢的乐观心态和敬业精神，为张家界抗疫防控斗争的全面胜利提供了大量真实有效的数据。8月25日，张家界"解封了"，邱帅说："终于可以回家睡个饱觉了"。

这个故事，后被剧作家刘立虎以邱帅为原型写成《紧急任务》情景剧，2022年在"6·5"环境日湖南主场活动上直播，感动了亿万观众。

"玉经磨琢多成器，剑拔沉埋便倚天"。邱帅这块美玉、这把利剑，在2022年2月湖南省生态环境监测比武大赛上，再次夺冠。

是啊，短短十二年，她参加2013年湖南省土壤环境监测职工技能竞赛获得团体三等奖；2014年参加湖南省水环境监测职工职业技能竞赛，获得团体第二名，被评为"湖南省环境监测站系统分析技术工作先进个人"；2019年参加湖南省"守护'一湖四水'建设生态强省"示范性劳动和技能竞赛暨第十三届生态环境监测专业技术人员大比武，获得生态环境部门综合组个人一等奖和水环境监测个人第一名、团体二等奖，被授予"湖南省技术能手""湖南省五一劳动奖章""湖南省青年岗位能手标兵""湖南省巾帼建功标兵"荣誉称号；2019年参加第二届全国生态环境监测专业技术人员大比武，获得综合比武个人一等奖、团体二等奖；2021年被授予"全国巾帼建功标兵"；2022年参加湖南省第十五届生态环境监测专业技术人员大比武，获省直分析技能组一等奖；2022年4月，被授予"全国五一劳动奖章"（她是966个全国五一劳动奖章获得者中，唯一一位来自生态环境系统的代表）、"湖南省先进工作者"；2023年3月获"全国三八红旗手"等23项国家、省、市级荣誉称号。不能不说这是邱帅的光荣，也是湖南省张家界生态环境监测中心的光荣，更是湖南省和我们国家生态环境监测事业和生态环境保护事业的光荣。

四、踏平坎坷成大道

"自己是甘肃张掖人，成了广东女婿，又在湖南工作。正如网络流行语说的，'故乡容不下肉身，他乡容不下灵魂，若能一世安稳，谁愿颠沛流离'。"高峰这样介绍自己，有些迫于生活的无奈和怀念故乡的伤感。但他男子汉气魄十足，做事虎虎生威。

高峰的父母双方都是枝繁叶茂的大家庭，父亲5兄妹，母亲11兄妹，开枝散叶后百多号人。为了新中国的社会主义建设事业，也为了实现各自的人生追求，亲人们天各一方，分别在黑龙江、甘肃、安徽、湖北、湖南、海南等地各行各业的岗位上发光发热。高峰的外公是安徽人，年轻时经商至怀化安家落业，成为湖南人。高峰的母亲在知青上山下乡的潮流中下乡到甘肃省张掖县，并在此结婚生子生活了几十年。高峰有3个舅舅在湖南，其中2个舅舅在张家界，高峰的父母退休后也安家湖南张家界。

高峰出生于 1979 年，2000 年 7 月，从河西学院毕业后，走进绿色军营保家卫国，2004 年 2 月，他光荣退役，被组织安排到张家界市环境监测站，成为一名生态环境守护人。

俗话说隔行如隔山。他从操枪戍边转换成用仪器护环境，业务完全不对口，只得又踏上求学之路，被派送到湖南师范大学脱产学习。

"立身以立学为先，立学以读书为本"。一切从头开始，唯有苦学，方得真知。除了白天上课，几乎每天晚上都得加班看书，有时实在睁不开眼了，他用冷水洗脸驱赶瞌睡，虽不及悬梁刺股、凿壁借光那般原始艰苦，但也像华罗庚的"厚薄"法那样扎实用功。在这宝贵的一年半里，他勤奋刻苦，不知则学，不懂就问；熟练掌握环境保护概论、基础化学、化学分析技术、仪器分析技术、水环境监测、土壤和地下水监测、环境自动监测系统运营等知识，对各科精髓要点勤读熟记，掌握重点；像一匹驰骋在各科领域的骏马，充满活力，一往无前，把自己锻炼成一名强悍的环保卫士。

2005 年 7 月，他以优异成绩结业，来到张家界市生态环境监测站分析室，开始了理论联系实际的实验分析工作。

千里之行，始于足下。工作中点点滴滴的小事，就是跬步，就是小流。不积跬步，无以至千里；不积小流，无以成江海。起初，高峰对做实验不太熟悉，理论和实践挂不上钩，对一些用外文字母缩写的名称（如

BOD 和 COD）经常张冠李戴。先从最简单、最基础的铁、砷两种元素实验分析做起，王文武副站长手把手地教他，怎么拿液、移液、定溶、配制、计算、报告……

尤其是电子秤称药品，最能考量操作员的耐心和细心。以克、毫克计算，保留小数点后面 3 位数，很难把握，试剂不是倒多就是倒少，少了再加，多了必须用纸包好作废品处理，时常弄得桌椅上到处都是残留药品，一不留神衣服烧洞、皮肤烧糊。有一次，高峰花 300 多元买了一套西装，第一天穿上，忙完一天从实验室出来，屁股上居然"长"出拳头大一对"狼眼"，同事们笑他，可他心疼得好一阵没说话。

一瓶 100 克的试剂要几百块钱，倒出来的试剂不能回瓶，以防污染。2014 年以后，已改用成品，既省事又安全。比如三氧化二砷，俗称砒霜，是一种无机化合物，化学式为 As_2O_3，有剧毒，领药品必须两人以上登记方可。为了减少浪费，要实验人把自己练就一手恰到好处的精准功力，就像成语"熟能生巧"故事中的卖油翁那样，常年卖油的老翁，能够做到将油从铜钱眼中穿过，而不让铜钱沾上油污。

对于高峰这样力量型的握钢枪的双手，用来做轻拿轻放玻璃试管、精准称量毫克级的药品，真有点像要张飞绣花般难为他了。不过他有愚公移山的决心和强大的毅力，每天不断地反复操作、刻苦练习半年，在无数次失败和无数次的开始之后，将铁和砷两项实验做到了驾轻就熟，并通过考核成功拿到了上岗证。

常言道，一通百通，万法归宗。接下来，高峰专心致志在实验室潜心钻研。那时仪器落后，只能做出 20 多个项目。他每天不停地忙于实验分析，很快在所有项目的实验中，把自己造就成一名挥洒自如的技术骨干。

那时候，单位里人手缺、设备少，自己采样自己做实验。出去采样，11 人挤在一辆面包车里，早迎朝露，晚戴星月，虽然拥挤艰苦，但大家精神振奋，工作起来非常开心。

提起 18 年前水泥厂爬烟囱采样的经历，他从椅子上弹起来不停地踱步，似乎自己的脚还踩在滚烫冒烟的烟囱上，"太热了、堪比火焰山，且十分危险，颇具挑战性和冒险性"。这个从部队摸爬滚打出来的汉子能发出如此感叹，当时爬烟囱的危险便可想而知。

2005 年酷暑季节，高峰和王文武副站长、张清泉三人冒着烈日高温到慈利楚霸水泥厂采样，主要监测排放烟气中的颗粒物、二氧化硫、氮氧化物是否超标。

庞大的石窑后，一根上细下粗、三四十米高的钢筋混凝土结构烟囱柱直刺天空，烟囱外壁上有一路用钢筋焊接的简易梯子，笔直通向烟囱顶端，犹如通向凌霄宝殿的天梯。

高峰腰绑一把绳索和张清泉一前一后、一步一梯往上攀爬，身上没有任何防护保险，只有蜘蛛侠的勇敢、坚强和机敏。在离顶不到 10 米的柱子上突兀伸出个 1 米见方的平台，有半人高的钢筋围栏，两个男人塞进去，平台被挤满，连转身都困难。两人必须配合默契，高度警惕，容不得丝毫闪失，任何一个在彼此不知情时的弯腰或撅屁股，都会给对方造成危险，掉下去必定万劫不复。

站在平台上，先将绳子一头绑在护栏上，一头扔下去，站在地面的王文武副站长接住绳子，将烟气采样仪绑稳后，示意高峰和张清泉慢慢拉上去。

两人把采样仪稳妥地拉上取样平台后，赶紧打开烟囱柱上的采样窗口准备采样；一股热浪席卷着浓烟黑尘像鼓风机似的喷得他俩睁不开眼，高峰想关掉窗口，但为时已晚，两人已变成两只"黑猩猩"。

头上是红热的太阳炙烤着，脚下烟囱内 180℃的高温蒸熏着，汗水和烟尘混在一起，把高峰和张清泉粉刷得面目全非，差点把他两人变成莫言《酒国》里"肉孩"蒸菜——"龙凤呈祥"。不过他两个大男人，只能蒸出"二龙戏'柱'"的人肉佳肴。

突然一股焦糊味直冲鼻子，高峰以为仪器烧了，低头一看，仪器还没打开，再一看，脚下在冒烟，原来胶鞋底被烟气高温熔化了，正在发烫，两人只得原地踏步，根本无法采样，再不撤离，不变红烧也会烤成干尸。火速关闭采样口，然后又将仪器放回地面，他俩才快速撤退，总算安全地回到了地面。

由于条件恶劣无法采样，要求水泥厂进行整改，并指出，采样必须保证生产负荷在75%的条件下进行，不得违规操作。经过沟通协调，二次采样得以成功。

全市大小10多个水泥厂，每年通过月监测和季度监测，大部分水泥厂环保不达标，政府下令进行严格整改，不合格的水泥厂被执行关闭。目前，全市仅有桑植县的华鑫水泥厂和永定区的南方水泥厂，全面按照国家的环保要求正常运行。

自从著名画家吴冠中到湘西采风，被张家界林场风光深深吸引，写下游记散文《养在深闺人未识——张家界是一颗风景明珠》发表后，张家界一下就端起了旅游这个大"饭碗"。可随着旅游业的蓬勃兴旺，各种环境污染也来了。为了加大保护力度，2004年，张家界市生态监测站在景区成立了。高峰、周渺峰、樊玲凤、宋维彦、陈婧五人，随着吴文晖站长一起来到了生态监测站，负责张家界国家森林公园锣鼓塔污水处理厂和武陵源污水处理厂的常规检测任务；负责全市负氧离子、空气质量检测；并在黄石寨建有"酸雨检测点"，监测空气中二氧化硫是否超标。

作为一名技术娴熟的监测员，高峰通常在景区实验室做各种监测和负氧离子、空气质量检测，这样难免弄出些故事来。有一天，他上黄石寨顶上六奇阁"酸雨监测点"采样，真不凑巧，走到索道公司，索道竟然坏了。他干脆一不做，二不休，突发奇想创一次登山纪录。

身高 1.72 米的高峰，向着海拔 1080 米的黄石寨高峰发起了冲刺。闪身穿过"杉林幽径"，从"罗汉迎宾"身边跑步前进，无暇顾及"天书宝匣"，与"定海神针"擦肩而过，闯关"一天门"，直奔"摘星台"，越过"天桥遗墩"，最后手脚并用爬上"六奇阁"的酸雨监测点；做完采样，再以"神行太保"日行八百里的速度冲下山，来回 1.5 小时，开创了张家界市生态监测站徒步爬山采样的最快纪录。可是当天晚上，他的双腿比被棒打还痛苦，在床上翻滚通宵，第二天，他双腿又痛又抖，走路像蹒跚学步的幼儿东倒西歪，下楼梯痛得龇牙咧嘴，一个星期才恢复。

高峰是个乐天派，对于测噪声的经历，讲起来总是意犹未尽。他说，噪声监测分两个时间段：6—22 点为白天监测时间段，22 点至次日早上 6 点为晚上监测时间段。2005 年 8 月的一个深夜，他和周渺峰带好仪器和手电筒，到金鞭溪进行夜间噪声监测。被誉为"天下第一溪"的金鞭溪全长 7.5 千米。子夜进入金鞭溪，一股凉飕飕的感觉，夏日的酷暑被抛到了九霄云外。这晚没有月光，山谷里更显幽暗，白天可观赏的奇峰峻石此时都变成黑黢黢的阴森魔怪。他俩并肩前行，一路讲些鬼怪故事驱赶寂寞，于是《聊斋》里的《山魈》《咬鬼》《宅妖》

《尸变》等以及民间口述相传的离奇古怪的有关鬼的故事在他俩嘴里被添盐加醋着，娓娓道来。

晚风阵阵，树叶飒飒，山上的野兽、猴子、飞狐和一些不知名的鸟不时发出瘆人怪叫，迎合着《聊斋》里的情景。两人被亦神亦鬼的故事渲染，自己也进入角色深陷其中。当高峰讲完《红衣女鬼报恩记》时，周渺峰突然说："我们今晚是否会像男主人公遇到红衣女子？"这一问，高峰只觉头皮发麻、汗毛直竖，他用手电筒战战兢兢地向前一照，妈呀！真有个红色人站在那儿。两人吓得掉头就跑，只恨少长了两只腿，比《尸变》里女尸追客人还恐怖，两人全身直冒汗，上气不接下气，飞速逃出金鞭溪回到锣鼓塔污水处理厂，静了很久才回过神来。

第二天和站里的领导同事们讲起此事，大家都不信。为了解除谜团，他们专门到现场察看，原来是一个戴斗笠的红色垃圾桶站在那里。晚上离得远，光线弱，猛然一眼，说它像人，真是那么回事。一场虚惊过后，一切归于平静，工作还需努力！

2007 年 3 月，张家界市环境监测站、张家界市生态监测站、张家界市机动车尾气监测站三站合一，改称"张家界市生态环境监测中心站"，高峰从山上回到市里。

2008 年 8 月，全国土壤大调查开始了。高峰、周渺峰、田丰 3 人冒着酷暑的炎烤，走遍了桑植县 38 个乡镇的山山水水，沟沟坎坎，与荒野同行，和土壤对话，整整 2 个月，土壤调查虽经历无数艰难险阻，最终打赢了这场攻坚战。

那日天气闷热，高峰驾着车，载着田丰和周渺峰向桑植县龙潭坪镇驶去。龙潭坪镇是桑植县较偏远的镇，与湖北省鹤峰县走马镇交界。那。高峰和田丰两人轮换开车，为了驱赶疲劳和寂寞，三人达成共识，开车途中都不得打瞌睡，自己找乐子寻开心，讲故事开玩笑，天南地北侃大山。大山的公路都是连环 S 弯、连环之字拐，有的地方路线不熟，常常舍近求远，几经耽搁，2 个小时的车程跑了近 4 个小时。土壤调查点在荒无人烟的深山，植被茂密得像盖了一床大棉被那样严实，根本没有路，也找不到上山的路。

这个时候，就连老天也刁难人，竟然下起了雨。既然大老远来了，总不能空手而归，这样太浪费人力和物力了。根据经验判断，中午的雨两头空，三人坐在车里等待天气放晴。下午 3 点多，雨停了，他们硬着头皮进入密不见天的森林里，左冲右突，转了几圈，就是无法进入定点区。林中又湿又滑，蚊虫叮咬，不时有人划伤、刮伤、摔倒。这时天色将晚，短时间内根本无法进入定点位，他们不得已申请偏异采样。

等挖出坑道采完样，天已黑，三人又累又饿，带着一包土趁着夜色踏上了返程之路。由于天黑路窄，下坡路滑，来到一个丁字路口，倒车时右前轮悬空，情况十分危险。田丰在驾车，高峰和周渺峰急忙下车找石头垫后轮。真是越忙越出错，就在搬石头时，那块石头一头陷在土里，高峰使劲一拔，由于用力过猛，连人带石头被惯性推下坎去。

事后高峰说："我当时吓傻了，大脑一片空白。可我命大，谁知'嗵'一声掉到稀泥巴田里，把自己塑成了兵马俑，但毫发无损。"

聊起当初收排污费、对各厂矿污染监测的种种经历，他有种怀旧般的兴奋，他说："说出来别人可能不信，2008—2014 年，短短 7 年跑坏 3 辆车，在张家界市两区两县 94 个乡镇的村村寨寨、山山岭岭，一趟又一趟，一天又一天，山重水复，峰回路转，无论寒冬还是酷暑，艰难的跋涉在第一线，用拼搏和汗水完成一个又一个艰巨任务。"

张家界市境内多个乡镇，因地下拥有丰富的镍钼矿产资源，自 20 世纪 80 年代开始开采，2000 年后当地镍钼矿开采进入高峰期，资源开发一度成了当地经济发展的主流，当地成了远近闻名的富裕村，老百姓钱包鼓了，楼房接二连三地竖起来了。

就连河南人也来"淘金"了，他们在慈利县金岩乡一座大山上开采镍钼矿。这里原来是一片荒山野岭，杂木藤草丛生，是飞禽走兽的乐园。

后来河南人在此搭棚建房，开山挖矿，拓扑出"淘金"乐园。狐狸、野猪等大中型野兽被迫迁徙他乡，临别时齐声发出控诉人类的吼叫。

现在它是一片废墟了，人创造的，又被人摧毁，真正成为无人涉足的荒芜之地。

由于多是粗放式开采加工导致水土流失、水土污染、青山变样、溪水变色。长期的开采产生大量的废渣，采矿废渣中高含磷、硫及碳引发自燃，部分废渣自燃持续时间长达数年之久，产生大量具有强烈刺激性、恶臭的磷化物烟尘、二氧化硫气体，矿区植被大量枯萎。同时，废渣浸出废水和矿洞涌水污染地表水环境，导致地表水重金属超标；并在农田灌溉后造成土壤重金属污染，使当地群众生产生活基本条件遭受严重破坏，严重的生态环境问题使刚刚富裕起来的村民感受到前所未有的恐慌和绝望。

张家界市政府细算了镍钼矿开发的经济账、环境账、子孙账，在追求短期财富和长期生态效益之间做出权衡，宁要绿水青山，不要金山银山，宁舍千亿，也要千年，痛定思痛，以壮士断腕的决心果断叫停所有区域镍钼矿开采，以刮骨疗伤的勇气全面打响了所有矿区镍污染治理攻坚战。

张家界市环境监测中心站全员出动，义不容辞地参与到这场战斗中。为了监测、督察、及时了解镍钼矿对环境的污染情况，每天进行采样化验，用"监测"这双超级环保之眼扫视一切，关注整体污染状况，掌握第一手基础资料，并严格监督矿场对开矿残渣进行填埋处理。

　　2009 年秋，田丰、高峰、周天强、李佩耕四人负责监管整治慈利县金岩乡"河南老板"开采的那座大矿山。在这座山上，他们与矿工同吃同住，睡地铺、住工棚、采水样、取土壤、测空气，督促矿工清理矿渣，并按技术规范要求做好填埋。四个大男人，对这些工作做得相当认真，仔细、规范、到位，只有一件事，那就是吃不惯河南人的饮食。一日三餐不是馒头就是面疙瘩或面条，很少有蔬菜。开始几天还勉强对付，时间一久，四人谈面色变。对于祖祖辈辈习惯米饭的南方人，他们像得了"相思病"，盼星星盼月亮，只盼吃顿香喷喷的白米饭。

　　有天早餐时，田丰看着碗里的面坨坨感叹："无竹令人俗，无饭使人瘦，不俗又不瘦，竹笋焖猪肉。"

　　高峰听了调侃道："别这样发酸，明天就可以解馋了！"

　　因为每周四，周渺峰要驾车上山取样品，山上四个人像儿盼娘翘首企盼着星期四快点到来。周渺峰每次来，都会带大米蔬菜、鸡鸭鱼肉犒劳他们。周渺峰是环境监测站有名的"神厨"，他亲自掌勺，经一番烹炒炖煮，不一会儿，一顿丰盛的饭菜满屋飘香，闻可蚀魂夺魄，吃可回味无穷，过后三生不忘。

　　四人早就被这种香气折磨得心旌摇荡、垂涎欲滴。伸长脖子盯着锅里，喉咙里有馋虫在动，眼里快要伸出爪子来。

　　开餐的时候，四人用大碗装饭，似乎要将一个星期没吃上的米饭补回来。一大锅温润润的鱼头炖豆腐，一大钵灵光光的红烧猪蹄，浓郁甜香，十分筋道，大家吃得满嘴流油、一腔喷香，吃得全身的毛孔一奓一闭，心里出奇地快活。

　　偶尔，他们也去山下当地百姓家找米饭吃。有一天，四人做完采样，为了吃上米饭，他们不怕山高路远，翻越一座大山，像山中寻宝一样，终于在一个山湾里找到一处留守老人的家，大家就像溺水者抓到最后一根救命稻草一般，兴奋得眼睛发出绿光。

　　人迹罕至的深山，两个老人一年四季难见一个说话的人，四个年轻后生突然从天而降，比撞见外星人还震惊，目呆了十多秒钟才回过神来，赶紧笑脸相迎。

　　老人激动得又是装烟又是泡茶，用家里仅剩的唯一半截土家腊肉招待他们。从板壁上取下来时，高峰以为是一只"白毛"兔，天啦！原来长了寸把长的霉芽。在味蕾饥馋的饿鬼面前，城里人的养尊处优早已见鬼去了。四人一起动手，经一番烧刮洗煮，连同老人自种的纯天然蔬菜，一小时后，一桌丰盛佳肴摆在屋中央，闻到腊肉熏香扑鼻，只觉喉痒胃乱。饭桌上没人说话，只听到咯嘣咯嘣嚼肉、欻啦欻啦吃饭，像粉碎土壤的声音。

　　民以食为天，一顿美食不仅可以带来味觉的享受，还可以成为一种精神上的慰藉和放松，吃饱了、吃美了以后，干起工作来会更加充满激情和力量。

就这样整整坚持了两个月，完成了对这一带矿场的采样调查任务。无论条件艰苦，还是工作劳累，他们仍然保持着始终如一的情感和执着，把每一天当成生命的重要部分，在环境监测领域需要的地方坚守、担当。

行伍出身的高峰，具有甘肃人开朗直率、精明强干的特质，更有共产党人的英勇果敢，不怕艰险，不惧困难，甘愿牺牲的优秀品质。他现在是自动监测科科长，负责全市 10 个自动监测水站，6 个空气自动监测站的监测和实地考核，并提供技术支持。

他说，水质自动监测系统像医院的造影部，是一套以在线自动分析仪器为核心，运用现代传感技术、自动测量技术、自动控制技术、计算机应用技术以及相关的专用分析软件和通信网络所组成的一个综合性的在线自动监测体系。空气自动监测站相当于雷达，利用电子化和网络化对空气质量进行自动检测，提供的数据具有准确性、可靠性和可比性，能够及时反映环境空气质量的动态变化，预测发展趋势和加快应急事件的控制过程。

2023 年 3 月 18 日一早，我与张家界市生态环境监测中心副主任陈晓华、自动管理科科长高峰、市生态环境局王建英科长一车四人，在省道上车轮滚滚，向慈利县零阳镇驶去，到永安村渡口二水厂和遗笔溪村（也就是原来的赵家台村）考察"定点监测房"的建设情况。1小时后，车过慈利县城，空气质量突然变差，灰蒙蒙的天空像有飞机在喷洒灰尘，人们无法看清天空的蔚蓝与清澈。

一路上，大家都在谈论环保方面的话题。听高峰说，慈利县的空气质量一直解决不了，主要原因是石门县的火电厂和水泥厂，飘过来的污染物。为什么会这样呢？资料上说，不同地区空气的压力不一样，空气由高压区沿着水平方向流向低压区。由此可见，慈利县城应该是处在低压区，故而空气质量总是不好，而石门县的空气反而比慈利好，但这些水泥厂也好，火电厂也罢，背后都有非常合理的现实逻辑，可以理解成"合法污染"，我们能撼动那个逻辑吗？

正如一本书上说："仅仅追求自然保护，或仅仅追求发展，都是相对容易的。唯有同时兼顾两者，追求平衡，才是最大的难题，那意味着，不是正义对抗邪恶，而是正义对抗正义。只有从一切道德高地上撤下来，走进现实的平原，才有可能真正从源头上解决两种正义的冲突。"

闲聊中，不知不觉已抵达零阳镇永安村二水厂渡口。慈利县生态环境局赵荣发副局长负责这个项目，他第一时间赶来会合。高峰科长前一次来检查时，对土建、防雷、供电等提出相应技术指导，发现选点经纬度有些偏差，要求调整改进。这次来，主要是检查点位修建情况。这不，现在的点位、断面、经纬度已经符合要求，一个40平方米的仪器房场地已建造完工，只待在上面建好耐久防震的活动板房，再将仪器设备安装到位，便可竣工验收使用。

完成第一个点位考察，接着驱车赶往下一考察地。在蜿蜒的乡道上行驶个把小时，终于到达目的地。

下车深呼吸，空气清新，沁入心扉。眼前一片宽阔碧绿的水域，像一面镜子镶嵌在青山的怀抱，两岸散落着的民宅和菜地，两边的高山犹如墨绿色的塔群，一重重淡入天际。这里就是遗笔溪。选在这样静美的地方建"定点监测房"，决策者好眼光，可以称得上是"上善若水"的典范壮举。

人类得以生存，应该感谢世间万物，感谢大自然给予人类的恩赐。在环境保护事业中，每个个体能贡献的力量极其微小，但"日拱一卒，功不唐捐"，只要人类全心全意爱护环境，相信以后会有更和谐宁静的生态和更秀美的山水。

离开遗笔溪的那一刻，突然下雨了，高峰看着车窗外云静雨细，流雾如练，有只鹰在盘桓，十分淡然。这就是人们眷恋的自然，她已经四十多亿岁了，我们应该像爱护眼睛一样爱护她。这样想着，偶然一农人牵马而过，高峰像受到了启发，仿照《西游记》主题曲韵，自编歌词哼了起来：

美丽地球，我的家，

我有责任，保护她，

踏平坎坷，成大道，

斗罢艰险，又出发。

……

五、环保监测的微型"天眼"

　　都说湖南省张家界生态环境监测中心是群英荟萃、乐见众才的"劳模培养基地"。短短 10 多年，一个麻雀大的单位，腾空飞出四大丰碑式人物和大批重量级人才。有党的十九大代表、全国五一劳动奖章获得者、全国三八红旗手、湖南省五一劳动奖章获得者，以及张家界市第八届党代表等，于湘红就是其中之一。

　　她像一只微型"天眼"，时刻为环保工作发出"有效信号"。

　　1989 年 8 月，于湘红出生于慈利县东岳观镇。东岳观这地名有些来头，相传商纣王时，朝中大将途经此处留宿，为纪念此事建祠一座。明万历年间，史维生父子将祠扩建成庙观，因坐落在东峪尽头，故称"东峪观"。后取东岳泰山之意定名"东岳观"。东岳观名字厚重，但山上条件却极差，这里山多地少，靠天吃饭，以红薯、苞谷等杂粮填饱肚子。

　　穷人的孩子早当家，懂事的于湘红五六岁还没有灶台高时，就搭凳子煮饭炒菜，帮忙洗衣扫地，上山砍柴，下山挑水。挑水回来都是上坡，挑不起，用小桶，一路磕磕碰碰，桶里的水洒掉不少，像"挑水夫"的破桶，让路边的花草沾了光，挑到家只剩半桶。尽管如此，她还是乐此不疲，在这些家务、农活的磨炼中，变得越来越自强自立。

她父亲上学不多，饱尝没有文化的人生之痛，所以对自己的孩子就是砸锅卖铁下血本，也要送他们读书。于湘红6岁这年，父亲背井离乡到山西某地下矿井挖煤赚钱。就这样，硬是将一双儿女分别培养成名牌学府的高才生。

父亲常年在潮湿阴冷又不见天日的矿井里干活，满脸煤黑，一身臭汗，在肮脏沉闷的井上井下流血流汗！有一次，不幸被"愚公斧"砸破两根手指，缝了十多针，为省钱，不打麻药死扛，缝完针，父亲全身衣服透湿。"十指连心肝啦，可怜的父亲怎么受得了啊！后来他这手指再也伸不直了……"于湘红说得声泪俱下，下意识抚摸着自己的手，仿佛触摸自己酸涩苦痛的童年。

在于湘红上大三这年，父亲生病回家，他的肺灌饱了二氧化硅粉尘，心肺出了问题，从此再也挖不了煤，做不了重体力活，只能背着药罐度余生。觉得愧对女儿，父亲说没能将她供完大学毕业，实在对不起。于湘红听得眼圈发红，内心深处被狠狠地刺了一下，生疼生疼的。

她从小学到大学都是班干部，四年本科，每年都以优异成绩获得奖学金，先后获得吉首大学"优秀团干""优秀信息联络员""优秀组织与策划者""优秀毕业生"等荣誉称号。特别是 2012 年，花样年华的于湘红，发奋攻读，刻苦钻研，以品学兼优、积极上进的卓越成就光荣加入了中国共产党，同时获 5000 元"国家励志奖学金"，她将其中的 2000 元用于父亲治病，3000 元交大四学费，为家里减轻了经济重压，也为自己开启了不一样的人生。

2013 年夏，她从吉首大学化学化工学院应用化学专业毕业，2014 年考入湘西土家族苗族自治州环境保护监测站，即现在的湘西自治州生态环境监测中心，做了 2 年实验分析和质控临时工。在这里她一门心思用在实验分析监测上，在实践中学习，在学习中奋进，通过 2 年多的实践学习，基本掌握了水、土、气中大多数项目的实验分析，为自己以后的监测之路筑牢了根基。

2015 年年初，得知张家界市环境监测中心站招考监测员，她不失时机兴奋地报了名，和黄斌、邱帅、梁鑫一样，一考而中。2016 年 3 月正式上班，为张家界市环境监测中心站再添一员生力军。

这一年于湘红双喜临门好事来，与相恋五年的男友、来自广西桂林刘三姐故乡的莫如宝结成连理拜烛台。而且新郎官带着他的父母抛家舍业一起"入赘"了过来，真是月圆人圆，人月团圆，幸福美满，皆大欢喜。

人逢喜事精神爽。于湘红犹如掌上明珠般被丈夫和家人悉心呵护着，家里的事不用她过问，心无旁骛地投入工作，把实验分析做得顺风顺水、高效优质。从此开始了监测技术分析的艰苦卓绝新"长征"，向着环保监测天花板高歌猛进。

她每天起早摸黑，仿佛被上班和下班的钟声所牵引，沿着熟悉的路线，穿行在两点一线之间。

在实验室，于湘红眼神中充满了专注和热情，聚精会神地做实验的前期准备，耐心细致地做好每个步骤，精益求精地观察每一个细节，工作起来一丝不苟，兢兢业业，她忘记了时间的流逝。

每次做完实验，把实验室各种实验器皿都摆放干净整齐，相关的试剂器皿都准备充足，以应对不时之需，做到有备无患、心里有底。无论多晚、多累，她做完实验后一定会把实验区域收拾干净。

于湘红说："实验分析是个细致活，琐碎得像锯木屑，光有力气不行，还要有足够的耐心。就连最简单的洗器皿，足可以击穿你的耐心，要经过五道工序。还有配制试剂，如果几种药需加在一起，一定要看仔细，程序千万不能错。稀释硫酸，必须是硫酸加到水里，反之，就会出现溅到身上烧伤或毁容。和科学家做实验一样，他们是发明，我们是使用，因此必须专业，不能想当然。"

"实验也有不听话的时候，做的过程中常会出现各种意想不到的情况，因此需要不断地摸索，不断地实验。有时在实验室忙碌了一天，啥也没干成，甚至都不知道自己忙了些啥，第二天还得从零开始，重新进行样品分析，直到得出真实准确的数据。所以，监测人必须静得下心情、耐得住寂寞、熬得住孤独、守得住空虚、经得起艰辛、顶得住压力、扛得起失败、干得出成绩，方能等到花开。"正如马尔克斯说："生命中所有的灿烂终将用寂寞偿还，孤独前可能是迷茫，孤独后便是成长。"

一次，她和邱帅做有机气相色谱分析，两人以前都没做过，仪器老化，有点脾气诡异、性能不稳、故障频出，一直像服侍爷爷奶奶一样小心候着。本来一次就能做成功的数据，用这台老年机，要做五次才能完全达标。如此费时费力，因此极大地增加了工作量，犹如"搬着石磨过江——无谓消耗"。加上电压不稳，做着做着电跳闸了，导致实验失败。很多实验都是在披星戴月的挑灯夜战中加班完成。

有一次，监测一批水样，于湘红辛辛苦苦从早上忙到傍晚，快做好了，只待清洗仪器准备保存。她正暗自庆幸今天仪器没有发脾气为难自己，还没想完"嘎"仪器跳闸了，如同"心梗"猝不及防，做的数据全部清零，一天辛苦白忙活了。于湘红气得眼睛喷火、鼻子冒烟，无奈地喊道："可惜我的数据啊！"

她来了倔劲，一切从头再来。吃罢晚饭，一头钻进实验室，一个通宵,硬是把这项实验一气呵成,在东方破晓的那一刻,数据保存成功,她激动地连呼"奥力给,奥力给"为自己喝彩加油!

为了攻克一个项目,她经常长达几个小时地打电话请教厂家或行内专家,直到完全听懂,在对方不厌其烦地讲解中,把这项实验做得达标满意才放心,然后向领导发出"天眼"般的"真实信号"。

于湘红整天与试管、仪器、试剂打交道,思想单纯,为人简单,没有尔虞我诈,没有名利之争。同事之间非常和睦,团结互助,同甘共苦,不是亲人胜似亲人。2017年,于湘红怀孕了,严重"害喜",同事们都很关照她,那些搬搬抬抬的事都是同事帮忙做。同事李琴善良淳朴、做事可靠,有着"俏也不争春,只把春来报"的优秀品质。于湘红怀孕期间,凡存在潜在危险的有毒实验李琴都抢着做,绝不让她染指,说这是保护环境监测的下一代。李文霞和龚黎明两位大姐对她像关心自己的孩子那样护着她,叮嘱她走路小心,提醒她不要久站,有好吃的会把最有营养的先给她。

2017年10月,根据环境保护部统一安排,全面启动国家地表水采测分离工作,任务艰巨,时间紧迫。由于人手紧,于湘红更不甘人后,身怀六甲,走路鹅行鸭步,挺着八个多月的大肚子,咬紧牙关承担总磷分析。由于总磷样品保存时效只有24小时,必须要在规定时间内完成分析,每天都要加班到八九点钟才回家。每当这时,只有肚子里宝宝静静地陪着她。回到家，她总会摸摸肚子，告诉孩子："妈妈是一名监测人，今天顺利完成了十多个样品实验分析，虽然很累，但我用'不畏艰苦、勇于担当、公而忘私'的实际行动，给予你最美的胎教。"

正是有很多像于湘红这样的奉献付出，张家界市生态环境监测中心战胜了人少任务重的困难，监测及时、数据准确，高标准、高质量地按时完成任务，得到省厅中心、中国环境监测总站的高度赞扬。

2018年下半年，于湘红刚休完产假，正处在关键的哺乳期，一次重油泄漏事件彻底打乱了她的生活节奏，迫使她将嗷嗷待哺的婴儿留在家中，义无反顾地直奔单位，进入实验室，紧锣密鼓地开展应急样品分析，经两个星期日夜奋战，终于取得阶段性胜利，为泄漏单位救了急、解了难。

接下来的国家网土壤普查、土壤例行监测、土壤风险点位加密监测任务，在土壤制样与分析过程中，灰尘大、样品多、时间紧、任务重、难度高；她主动放弃节假日休息，以共产党员冲锋在前的责任担当，为民服务的公仆情怀，作出挺身而出的奉献，一心投入到土壤分析，研究土壤中有机质检测方法和准确度的可行性。她知道作为一名监测人，自己就是环境保护的耳目，即使再苦再累，也必须勇往直前、全力以赴。

2018年，于湘红迎来了第一次参加湖南省生态环境监测系统技术比武的经历。那是一次"曾经沧海难为水，除却巫山不是云"的历练，至今想起还觉得脸红、心跳加速。当时因为任务繁重工作太忙，没做任何准备，临时组织去参赛。一个礼堂式的大实验室，三十多个选手，还有监考老师、摄影师，外面有人巡逻，似乎又一次面临高考。走进赛场如同走进冰窖，手抖脚颤拿不稳试管，舌子发硬说话成颤音。做实验时，结果如断线的风筝上飘了，以失败而告终。比赛结束她仓皇逃离赛场，冲进宾馆房间，瞬间，仿佛听见世界坍塌的声音，抱着枕头哭出声来。

很快，她平静了，比起父亲下矿井挖煤，这点挫折算得了什么？正如一首歌唱的："他说风雨中这点痛算什么？擦干泪不要怕，至少我们还有梦……"

"游说万乘苦不早，著鞭跨马涉远道"。2019年，她又报名参加省赛。这一年对于湘红来说有点不寻常。丈夫的父亲病了，和于湘红的父亲生同样的病，吃的药都一样，两亲家真是有缘人。丈夫的外婆也病了，婆婆回桂林服侍两位病人，只得委屈不满两岁的儿子上托儿所。于湘红每天加班到六七点钟才到托儿所接孩子，孩子背着小书包、挎着水壶站在门口等一两个小时，眼睛哭肿了，可怜巴巴地望眼欲穿。见到孩子那一刻，她心疼无比。

面对困难，她没有退缩，没有把困难拿来当成自己放弃努力的借口，她坚信世界上没有走不通的路，趁着年轻应该有所作为，白天上班，晚上复习，两头兼顾。有时实验室仪器坏了，她和同事们乘一两个小时的车，到慈利县监测站借仪器做。就这样凭借坚强毅力和果敢娴熟的行动力，向着理想的目标靠近。

2019 年 7 月底，顶着长沙"火炉"的炙烤，经过三天的群雄角逐，她终于走上三等奖的领奖台，在全省业内弄出"小荷才露尖尖角"的动静。

这个奖将是引领未来的导航键，她没有安于现状，而是渴望看到更大的世界，拥抱更大的梦想。可 2020 年的比赛，她做总磷项目，可能受比赛场地变化、仪器不同、温度、湿度以及心理素质等因素影响，于湘红又一次被挫败，但她越挫越勇，抱定"愿将腰下剑，直为斩楼兰"的决心，哪怕困难再大，也要咬紧牙关，拼它个百炼成钢。

2021 年，于湘红第四次代表湖南省张家界生态环境监测中心驰骋赛场。要与这些百多人的大站高手比功夫，与这些顶尖人才同台竞技，没点老底和真功夫可不行。

为了备战这次参赛，她提前 4 个月开始复习。她像是得了魔怔似的钻进实验室，不停地进行实验分析，分析失败了再次分析，日落月起，日复一日，只为把每项实验分析做得得心应手、了然于胸，以火眼金睛的"神力"，确保环保监测数据真、准、全。白天要上班，没时间看书，晚上坚持学习到深夜，或利用工作间隙见缝插针地在手机上复习。她孜孜不倦地钻研专业知识，不断地提高自己。那段时间，她成了书虫，早也读晚也读，边吃饭边读，甚至上厕所也拿着书。有次煮面条，她看书入迷，把面条煮成了面炭，挨了丈夫一顿痛心的指责。功夫不负苦学人，这样的勤恳学习和钻研，使她的技能得到大幅提升，她的"勇敢产生在斗争中，勇气是在每天对困难的顽强抵抗中养成的"，她的人生箴言就是勇敢、顽强、坚定，就是排除一切障碍。

省赛舞台，极大地促进和激发了环保人的斗志，为监测人提供了施展本领的高大上平台，在这里比出了无数环保英雄健儿、行业翘楚。

每一次比赛都是一场艰苦卓绝、充满挑战的战斗。参赛选手要提前一周做准备。自带仪器设备、试剂试管等，清洗打包就够人累的。玻璃器皿，要用报纸包好小心翼翼置入箱子，像侍弄婴儿一样搬上搬下。

比赛结束，以同样的方法将它们清洗打包装箱，呵护稀世珍宝般抱回来。因此在业内流行这样一句话：湖南省张家界生态环境监测中心的女人当男人用，男人当牛马用。这话很直白地道出了张家界监测人的艰辛和不易，也是对所有环保人甘当孺子牛的真实写照。

监测比赛搬重物的活，平时基本由分析室主任黄斌干，但这次赛场戒严，非选手不得入内。赛场在五楼，坐电梯人太多，为了抢时间，于湘红拿出童年"挑水"的本事，以共产党人身先士卒的干劲，抱起箱子"噔噔噔"上楼，"噔噔噔"下楼，往返几趟，不亚于奥运会赛场的百米赛跑，累得上气不接下气，还需展新容，抖擞精神上瑶台。

每个团队四人，一个接一个进场。经历过几次大赛的于湘红，基本熟悉比赛的流程，她就像一个资深的老水手或老船长，见惯了大风大浪；她面不改色心不慌，淡定如水，波澜不惊。

赛场内人体温度、仪器散热和室内温度交织成39℃的高温，尽管空调超负荷运行，但由于长沙"火炉城"白天室外气温太高，加之室内空间太大，也没起到多大的降温作用。监考官站在旁边一对一盯着每一个环节，记录数据或打钩打叉，就连15秒放液停靠时间，也卡表盯死，比铁面判官还严厉。

由于温度太高，做pH检测需要冰块降温。前面的选手已经把冰块用完，带队的李佩耕全程在门外等候服务，接到消息，立即四处买冰水，冰水卖空了，改买了一包绿豆冰棒回来。比赛结束，于湘红一身轻松，在收拾设备装箱时，看着恒温箱里的绿豆冰棒，她激动而俏皮地吆喝一声："才出厂的绿豆冰棒，快来买啊！"把监考和其他在场的人都逗笑了。

当她走出赛场，队友们从她放光的眼神里看到了胜利的曙光。真如队友期待的那样，她以不屈不挠的意志和永不放弃的精神，用勤劳智慧、熟练技巧和铁军精神拼出峥嵘、拼得战果、赢得最后胜利。夺得固体废物类个人第一、团体第二的骄人战绩,这一成绩在湖南生态环境监测领域掀起一池春水,她这个微型"天眼",向湖南生态环境监测领域发出了强烈信号。

"百舸急流千帆竞,借海扬帆奋者先"。2018—2022年,于湘红连续五年参加省赛,也连续五年赢得"优岗"殊荣。2022年湖南省妇女联合会颁发的"巾帼建功标兵"、2022年共青团湖南省委颁发的"青年岗位能手"、2022年湖南省人力资源和社会保障厅颁发的"技术能手",2024年荣获第六届"湖南最美基层生态环保铁军人物"荣誉称号。2023年荣获湖南省总工会颁发的"湖南省五一劳动奖章"。于湘红,让自己的青春燃出最美火焰。

她就这样用超越自我的价值,用实验监测诠释最美青春,用热血激情守护天朗地清,用真实有效的监测数据,当好环境保护的微型"天眼",决心为今后探测更深奥的环境监测现代前沿学科技术、揭开生态领域未知奥秘而继续奋斗。

当她站在领奖台的那一刻,只觉得自己在环境监测事业中所经历的酸甜苦辣咸,是一种前所未有的精神洗礼,更是一种无限辉煌的荣光。

六、采样历险记

李佩耕英俊帅气，面带微笑，举手投足，觉得他像我认识的一位老师。当他说出他父亲的名字时，证实了我的准确判断。父子俩神似、形似，仿佛就是同一个人的 30 年前、30 年后。

李佩耕是"70 后"，永定区沅古坪镇人，身材伟岸，相貌堂堂，温文儒雅，有点书生意气，一双黑白相间的登山鞋在他脚下，走路大步流星。

他 6 岁启蒙，在永定区红土坪村上小学。冬天提个用铁丝系的烂脸盆做的火盆，常被大同学欺负，将火盆扔进溪河里。没有火烤他就逃课，被邻居遇见告诉父母，免不了一顿竹笋炒肉——挨打。书、本子常被撕烂，笔、橡皮擦经常下落不明，买了又买，学习成绩一团糟，读了两个一年级才勉强过关。三年级随父母进城，在沿河小学（现在的敦谊小学）读书，数理化成绩优异，语文、历史、政治一律记不住，每当晚饭时，父母说得最多的一句话："这孩子还没回来，肯定又留夜校了。"

李佩耕天赋不够，但家庭学习氛围浓烈。父亲是物理老师，且家法森严，恩威并施，将他引上正轨。他后来居上发奋读书，考进全市最好的完全中学大庸一中，即现在的国光中学，成绩一跃而起，进到年级前十；高中更有勇攀高峰的决心，日夜发奋，每天攻读至凌晨两三点，硬是把自己的弱项补了上来，最终以优异成绩叩开了中南民族大学的大门，学习生物化学专业。1997年，他获大学本科文凭。同年8月，被分配到张家界市环境保护局环境监测站，做了一名山水卫士。

"当时全站有彭汉寿、李中文、吴文晖、李文霞、李伊胜、陈军山、黄颖彬、陈晓华、龚朝霞、吴鹏、罗琼、张华丽、龚黎明、邱克明、黄学锋、龚清平、王立新和我，共18人，彭汉寿任站长，只有办公室和监测分析室两个股室，属自收自支单位，主要从事现场采样、实验分析、收费等工作，每年要完成监测费收缴任务，否则就没工资发。交通工具就是一辆三轮摩托车，还是贷款买的，出去采样或办事，工具与工作人员一摩托车装了，'呜隆呜隆'风风光光，跑遍永定区和武陵源区的山山岭岭。"李佩耕慢条斯理地回忆那些往事，好像时间从未流逝。

那是个天气晴朗的日子，9个年轻人像插满筷篓的筷子挤在摩托车厢里，迎着八九点钟的朝阳，向着天子山镇驶去。他们坐在摩托车上，如同坐在《青松岭》万山大叔赶的马车上一样激情澎湃，豪情万丈，大家情不自禁地唱起了《大地之歌》：

啊大地　我无比热爱的大地

你用乳汁汇成江河

血流织成绿色的原野

你把骨肉耕成良田

泥土长出芳香的花朵

当生命在欢乐地歌唱

而你却默默无语

这就是真正的爱

养育了万物却燃尽自己

人都说太阳温暖

比不上你的挚爱

人都说大海辽阔

比不上你的胸怀

啊大地　我无比眷恋的大地

......

公路上坑坑洼洼，摩托车"咣当咣当"，七颠八簸，把他们颠得东倒西歪簸起老高，每当此时，9个人不约而同地尖叫起哄。师傅也有点"人来疯"，故意把摩托车开得飞跑，砂石路上碾出滚滚烟尘。年轻的激情犹如兴奋剂一样催开了亢奋神经，他们一路歌声笑声不断。摩托车开到天子山镇境内，陈军山激情难抑，扯开鸭公嗓也唱起了："鞋儿破，帽儿破，身上的袈裟破，你笑我，他笑我，一把扇儿破，南无阿弥……"还没唱完，忽然，他们坐的摩托车，在一个之字拐上"哐当"掉到两三米高的坎下。司机飞身跳到摩托车左前方，车子的惯性把其他人摔成铅垂线，"嗵、嗵"散落在田里，将稀泥巴打出半米深的凼。李佩耕从稀泥巴里第一个翻身爬起，赶紧冲过去抢救仪器箱。所有人各自横躺在摩托车旁的稀泥里，万幸的是摩托车翻下后没有压到人，真是老天开眼。值得庆幸的是，稀泥巴救了各自的命，大家都安然无恙。李中文和其他人也从稀泥里爬起来过去帮忙，一起将仪器箱和其他工具火速搬上田塍，一样一样打开看，仪器工具都完好无损。

接下来，他们像蚂蚁搬家一样七手八脚将摩托车抬上公路，清洗干净后，司机坐上去，呜呜发响了，摩托车竟然没摔坏。然后大家一身泥巴来到天子山镇，才找水洗掉身上的泥巴。而后，一身湿衣湿裤到各宾馆，各执其事勘察、采样、收费，把该办的事办完。

下午，他们塞在摩托车里，返程路上天南海北、谈笑风生，上午那场惊心动魄的车祸恍如隔世。

爬烟囱，是李佩耕见识的又一次"铤而走险"。仲夏时节，他和李中文、李伊胜、吴鹏4人到慈利县第一水泥厂采样。

一个日产千吨水泥的立窑后，竖着一根几十米高的烟囱。它的直径两米多，由数节铁管焊接而成，高耸云端，"欲与天公试比高"。它的顶端冒出的烟雾，像勇士在向天空发出的挑战信号。

烟囱柱上的钢筋梯子，以傲视一切、不屑一顾的姿态迎接着李佩耕和李伊胜两人。这次是由他俩爬上高空取样检测。李伊胜在前，李佩耕在后。或许是首次爬高，也许是缺少锻炼，李佩耕年纪轻轻却恐高，又怕又紧张，身上热汗冷汗一起冒。爬到1/3的高度，他手脚发抖，进退两难，闭着眼睛站在梯子上一动不动。前面的李伊胜已是身经百战的老将，他回头鼓励李佩耕："男子汉大丈夫，莫怕！抬头看天，看得越远越不怕，今天你只要爬上去，以后就不怕了，这是战胜恐高的最好办法。如同伞兵，若永远不从飞机上跳下去，那么他永远治愈不好恐高症。"李佩耕照着他的说法抬起头看着蓝天，感觉轻松多了，他鼓足勇气、暗下决心，"世上无难事，只要肯登攀"，继续向上，慢慢地爬上了采样台。

站在平台上向下一看，妈呀！头晕目眩。高空风大，吹得烟囱柱阵阵摇晃，李佩耕一屁股瘫坐在台面上，吓得鼻青脸黑、魂魄冲天，"直教人生死相许"。

可李伊胜却有着上九天揽月、下五洋捉鳖的勇气，当他刚爬上去，他腰上的传呼机不合时宜的响了，一看是单位办公室的号码。他赶紧从烟囱采样台下到水泥厂办公室回电话。他第二次爬上来后，正准备打开绳子拉仪器时，腰上的传呼机又一次响起，还是办公室呼叫，他又顺梯子快速下去回电话，这样往返三趟，既累又不安全，但为了工作，只能奋不顾身。

李佩耕看着李伊胜闲庭信步来去自如，他深受感染，已经慢慢地有所适应，只是"不敢高声语，恐惊天上人"。

他与李伊胜一起将几十米长的绳子一头攥在手上，一头抛下，李中文和吴鹏心照不宣地接住，将仪器箱捆牢，用另一根绳子扯住。李佩耕和李伊胜依靠栏杆的保护，像拔河比赛同时发力向上拉，吴鹏和李中文控制好仪器箱与梯子的平行距离，防止与烟囱相撞或纠缠。在上下两者的默契配合下，近百斤重的烟气分析仪、烟枪、烟尘采样仪器箱徐徐而升，安全到达。

那时的水泥厂条件简陋，烟囱上采用水膜除尘法。那些水泥烟尘随风飘散，像飞扬跋扈的妖魔专攻他俩的七窍。当他们完成采样下到地面，像从地震废墟里爬出来的幸存者，满身泥浆，一脸黢黑，走进宾馆，服务员不让他们进房间，生怕脏了床上被。

在悬窑水泥厂的采样经历，又是一场生死考验。

悬窑水泥，投资大、标号高。它的烟囱先横向发展，然后转弯向上，在横向烟囱的末端建一个监测点，这样采样虽不用高空作业，但要有跨越火焰山的神勇。

水泥窑是一种热处理设备，主要用于水泥生产过程中的煅烧石灰石、白垩土等原材料。水泥窑内温度一般在 1 300℃以上，加上采用电除尘，烟囱上的温度堪比八卦炉。李佩耕第一次在横烟囱上采样，他无知无畏地踏了上去，一双跑鞋即刻熔化，烫得"哎哟哎哟"蹦了下去，两只脚差点变成"红烧猪手"，如果再不逃离，整个人都有被直接火化的风险。俗话说："吃一堑，长一智"，以后采样，垫一层厚厚的湿板子，再踏上去。每次采样，皮肤烤得火辣辣的难受，脸上、手上烤出许多水泡，采样枪都烧化了。再看看这位付出艰辛的"环保卫士"，早已"面目全非"，加上干了又湿，湿了又干的汗渍，你根本无法辨认这个身经百战的"勇士"到底是人是神，往日的体面帅气被一股子勇猛粗野的蛮劲所覆盖。

相较之下，锅炉房采样要容易些。实践出真知，为了方便采样，由吴鹏在烟囱 4 米高处打个孔，采样就安全省事多了。

但是，污水采样的遭遇更是离奇古怪，特别是医院，属重点污染源，每个季度监测一次。张家界市人民医院的排污池刚好建在太平间下面，李佩耕每次到人民医院采回样品不敢说真话，担心实验室的姑娘们因害怕而影响分析结果，可他自己却有过一次毛骨悚然的经历。

那天，暴风雨的前兆，天上乌云密布，阴沉沉黑压压，还不时有震耳欲聋的炸雷和刺眼的闪电，给人一种异常恐怖的感觉。他和李中文到市人民医院太平间下面排污池采样。因为怕下雨赶时间，两人一到就忙开了。不一会儿，突然从太平间传出响动。两个大男人虽不害怕，相互对望一眼，用眼神传递着一个信号：这里阴气重。两人加快速度做完采样，收拾好东西准备返程。就在此时，突然从太平间飞出一包东西，"嗵"一声砸到李佩耕肩上，惊吓与重砸同时把他击倒在地，站在旁边的李中文也被吓得脸色墨绿，差点跌倒。几秒钟过去，李佩耕镇静了，心想，哪有活人怕死鬼？他爬起来欲要打开那包东西探个究竟。李中文触电般清醒过来，拖着李佩耕像脱离鬼屋般逃走。

回到单位，李佩耕对那包"东西"想不通，问李中文为什么不让看？"太平间能有什么好东西？万一是死者的遗物或裹尸布，多晦气啊！"李佩耕听了幽默回道，"万一是馅饼呢？"说得两人大笑。

污水监测特别脏。以前，做实验没有手套和工作服，实验室只有一件白大褂，脏了自己洗，扣子掉了自己钉；哪像现在，手套、工作服都是一次性的，多美好多幸福。

李佩耕采样回来，自己又要做实验，经常把自己弄得一身臭，衣服总是被硫酸、硝酸、盐酸、磷酸"欺负"，烧烂一件又一件。有次妻子为他买套新西装，第一天穿上就烧几个洞，妻子见了心也疼肝也疼，过后她却无奈而幽默地说："衣服烧了可以再买，只要人没烧就好。"

李佩耕说采样的故事太多了，足足可以写一本书。可是许多亲戚朋友当时都为李佩耕抱不平，"一个正规本科生，天天捞屎水、爬烟囱，还不如回乡种田省心"。

"工作没有贵贱之分，事情总得有人做，你不做，我不做，谁去做啊？"李佩耕这样回敬道。从此，他在自己热爱的岗位上，一干就是大半辈子。

一个合格的监测人，不仅要有学历和专业技能，还必须有职业资格证书。这个证书，不是随便能得到的，是要凭真本事考试所得。为了这个证书，李佩耕又有了一次新的经历。

1998 年夏，李佩耕和李中文两人，"一腔热血耕心田，卷帘灯影寒未眠"，通过几个月复习，理论与实践齐头并进，终于等来了真金见烈火的时刻，湖南省环境保护局领导来到张家界监测站监考。那天他俩笔试轻松过关，考试实验分析时，要做氯离子、硫酸盐、亚硝酸盐实验分析。因为仪器坏了，寄到厂家维修还没修好。这号仪器只有慈利县环境监测站有，为此，他二人趁着星夜混进火车货站（2008 年改成客站的南站），爬上一辆从张家界开往湛江的货车。两人相互隔着一节车厢，各自坐在两节车厢之间刚好一人宽的接头上，双手抓紧两边的钢杆，两脚悬空，两个多小时，像一尊佛像一动不动。听晚风从耳畔吹过，看月光在云层里捉迷藏，寂静里，细细品味一份难得的孤独。

超载的火车，宛如一条受伤的长虫，在喘息、呻吟中缓行着，一个多小时的车程跑出两个多小时，直到凌晨一点多才到达慈利县环境监测站。他俩直奔实验室，立即进行实验。在氩气机的轰鸣声中，与仪器、试管、药品交流通宵达旦，实验分析出奇制胜，数据准确无误，清早乘火车返回，赶到单位向省领导交上一份满意答卷，光荣取得资格证。

这种干劲正是生态环境保护人的铁军精神，他们政治强、本领高、作风硬、敢担当，特别能吃苦、特别能战斗、特别能奉献。

李佩耕以自己独特的精气神，始终冲在生态环境保护的第一线，矢志做到心中有责、眼中有活、脑中有法、手中有力、脚下有印，有所作为，有信心更有能力完成好新时代赋予的光荣使命。

有过实验分析室、业务管理室、综合评价技术室、生态监测室以及大气自动站等工作经验的李佩耕，2008年，在"一席"演讲中提及："20世纪90年代的时候，生态旅游在中国还非常少，素有'峰三千、水八百'之称的张家界国家森林公园，自 1990 年以来，随着张家界旅游事业的快速崛起，公园接待游客数量猛增及生活污水的大量排入，乱建滥伐，建宾馆酒楼 31 家，餐馆饮食店多达 87 家，还有附近的张家界村，350 余家村民所排放的污水，对张家界国家森林公园地表水造成不同程度的污染，尤以金鞭溪的水质下降最为突出，污染严重的地段曾一度有大量藻类滋生，水质恶化，严重破坏了张家界国家森林公园景观质量，对游客的身心健康也构成了影响……"

据说地球已经 45 亿岁了，若把地球的年龄比例缩小为 1 年，那么人类存在的时间，只相当于这一整年的半个小时而已。但这半个小时的活动，让这一整年都陷入危机。因此，保护自然、保护地球是人类"道阻且长，行则将至，行而不辍，未来可期"的重任。

曾经粗放式的开发建设，对自然资源和环境造成的破坏和污染问题逐步暴露，为了避人耳目，金鞭溪的岩头被翻过来覆过去，以免游客看到黑色苔藓。但这些"掩耳盗铃"的做法，终究只能让人贻笑大方，解决不了根本问题。

由此引起了国家、省、市有关部门的注意，加强了对张家界景区开发建设的科学规划和规范管理，成立了专门的管理机构张家界森林公园管理处，对公园进行统一管理。投入资金整治景区的旅游生态环境，拆除违章建筑物，并对拆迁场地进行了植被恢复。

为了端牢旅游这个饭碗，在景区采取"三禁三改"治理措施，即严禁烧柴、烧烟煤、燃放烟花爆竹，改燃煤锅炉为燃油锅炉、电锅炉、液化气炉灶，取缔景区内所有燃煤锅炉。2002年新建锣鼓塔污水处理厂，2005年建成验收并投入运行。自此以后，张家界森林公园接待区90%以上的生活污水得到有效处理。

张家界市环境监测站自1995年开始对整个武陵源景区地表水开展定期监测，其中张家界国家森林公园内共设老磨湾、紫草潭、沙刀沟、水绕四门地表水监测断面4个。还在多年开展景区地表水监测工作的基础上，利用其积累的大量监测数据，对张家界国家森林公园地表水污染状况进行综合分析，并提出对策及建议，为张家界国家森林公园水环境保护及张家界旅游业的持续健康发展提供决策参考。

2007年，李佩耕以此为契机，前后通过3个月的现场调查记录，写出近两万字的《张家界国家森林公园地表水污染综合分析报告》。2008年参加"湖南省环境监测系统第三届现场监测技术比赛"，以文风高雅、信息丰满、结构清晰、逻辑性强的睿智才情博得二等奖；他带领的参赛小组分别斩获一、二、三等奖，团体二等奖。张家界市环境监测站这个当年只有18人的小小单位，与长沙、株洲、湘潭这些百多人的同类大单位同台竞技，首次取得如此佳绩，真可谓是"恢弘志士之气"的雄伟壮举了。

　　26 年过去了，李佩耕从科室主任、站长助理到现在的副主任、高级工程师，在这个日常琐碎的岗位上，在忙碌的奋斗中，被岁月磨掉了青春容颜，但成就了他有个性特质和精彩价值的人生。

　　他先后主持承担大气、水质、噪声、生态、辐射、污染源污染突发事件等项目 30 余项监测分析工作，年均上报监测数据 500 余个；编写了环境质量五年报、年报、季报、月报、旬报、日报以及环保验收、环评监测、污染源监测等几百份监测报告；长期负责对外服务监测活动，累计收取监测费达 150 万元之多；数年如一日兼职野外采样机动车驾驶员；在实验室还手把手教出大批监测员徒弟；对张家界市环境现状及武陵源世界自然遗产生态保护进行深入广泛调研，撰写、公开发表论文 5 篇，全国中文核心期刊 CSSCI 期刊源 2 篇；主持张家界市大气环境容量测算国家级课题，编写了《张家界市大气环境容量核定技术报告》，于 2004 年 9 月在武汉通过国家环保总局课题专家组验收；主持张家界市大气监测点位调整，编写了《张家界市大气监测点位调整技术报告》，已通过中国环境监测总站大气室专家和省环保局专家组验收；还主持完成国家级子课题张家界城市污水处理厂产排污系数测定。

　　这些辉煌业绩、工作亮点精彩纷呈、无限风光，一次次刷新了他的人生纪录，也为他带来了连续"优秀工作者"的殊荣，2002 年，中国环境监测颁奖大会上，李佩耕以"全国环境监测先进个人"赫然在百名之列，明确地告诉人们，他是环境监测领域最出色的铁军战士。

七、拼搏中的奋进人生

　　"你今天受的苦、吃的亏、担的责、扛的罪、忍的痛，到最后都会变成光，照亮你的路"。樊玲凤以印度诗人泰戈尔的这句名言作为自己的座右铭，激励自己用青春的激情，逐梦打拼，奋发进取，开启她的锦绣人生。

一

　　樊玲凤，20 世纪 80 年代初出生在慈利县象市镇。慈利县境内有澧水、溇水两条河贯穿而过，当地人把澧水称为前河，把溇水视为后河。前河两岸先天条件优越，产业相对兴旺，生活较为富足，故而人们普遍认为"百无一用是书生"，读书的动力不是很强。而后河沿岸先天条件艰苦，经济落后，生活艰辛，人们的固有观念是"养儿不读书，如同养的猪"，"人读等身书，如将兵十万"，做父母的哪怕上刀山下火海，也要送孩子读书。

樊玲凤就是后河养大的孩子，父母都是勤劳苦做的农民，为了送3个孩子读书，不分昼夜地种烤烟、种黄花赚钱。种烤烟是既累又伤身体的苦活，从搭棚播种、育苗托盘、地膜覆盖栽培、防治病虫、平衡施肥到烤房的建造和采收、编烟、烘烤、温度控制、低温上色等环环把关、不得马虎。

千年黄柏路，不苦不得甜。烘烤烟叶，正值暑末的"秋老虎"季节，天气酷热异常。特别是烟叶烘烤时产出的尼古丁、焦油、一氧化碳等有害气体，对身体伤害大。那时，烤烟都是土法上马，用柴火烘干，不像现在用柴、煤、电结合烘烤。烤房像火炉，烤烟者必须24小时，不时地加柴，掌控温度、湿度、稳升温、不掉温、保温升温，时刻察"烟"观色。经过烟叶变黄、定色、干筋三大步骤六个程序。烟叶上、中、下三部，烘烤一炉次烟叶用的时间也不一样，分别为110小时、120小时、130多个小时。稍有不慎就会出现挂灰、蒸片、涸筋现象，一年的辛苦就会白搭，因此不得有半点懈怠。每年烘烤烟叶时的那种强度劳苦、艰辛与酸楚，是可想而知的。如今樊玲凤的父母70多岁，仍然坚持劳作，自给自足，不给子孙后代添负担。

父母经常教导她，工作犹如种庄稼，只要你辛勤耕耘，精心呵护，收成就不会太差。如果你忽悠庄稼，庄稼也会忽悠你。受父母的言传身教和遗传基因影响，樊玲凤从小勤奋上进，只顾向着前方，一路披荆斩棘、一路风雨兼程、一路所向披靡。她从现场监测采样，承担水质分析、数据整理、报告编写，再到后来负责质控业务，如今她是湖南省张家界生态环境监测中心综合办公室主任。

她身材高挑，气质如兰，个性独立，穿戴简朴，展现出女性的坚韧和智慧，是一个对事业极有执着和追求的女性。

她记得童年时代山林被大片砍伐，留下一片光秃秃的苍凉；也记得人们以捕杀野生动物为乐事，动物面临被赶尽杀绝的危机；想过要当记者，让外面的世界了解这一切，但她三姊妹读书的学费对家里来说已成难题，她选择了长沙环保学校。

在这所部属中专学府，她读书十分用功。她深知，农村孩子，要想改变命运就只能靠知识。她坚信"书读百遍，其义自见"，并以"熟读深思子自知"的专心态度，在勤奋苦读中持之以恒，永不止息，每天都过得紧张而充实。她用敏锐的思维能力和聪慧，将各科专业知识转化成自己服务社会的能力。

2002 年 9 月，樊玲凤顺利进入张家界市环境监测站工作，刚上班就参与空气自动站运维。为尽快熟悉运维操作，她一方面熟读仪器设备运维技术资料，另一方面虚心向单位老师和厂家技术人员请教；同时，长时间在空气自动站站房里去摸索、去观察，在较短的时间内迅速掌握了空气自动站运维操作流程，能够顺畅地保障空气自动站的正常运维。在自动监测、整理数据、结果分析、撰写报告等工作中默默付出。不放过任何一个细节，及时更换可吸入颗粒物纸带、定期更换吸收液、核准仪器是否漂移等。她负责市区两个监测点，每周要查看采样图、分采器、颗粒物收集器的数据，检查站房是否漏雨、仪器是否有异常等。

当时，空气自动站站房外并无安全扶梯到达站房房顶，为了处理站房漏水或监测采样头故障，她搭上可伸缩梯，独自爬上四五米高的房顶，用玻璃胶处理每处漏水区域，用工具清理仪器采样头里的蜘蛛网。

这些看似平常的工作，但也经常遭遇意想不到尴尬和风险。两个监测点，一个在市委"迎宾楼"楼顶，一个在南庄坪"阳光酒店"楼顶。白天还好，晚上就得面对爬梯子的安全隐患和暗夜带来的未知恐怖。

2003 年夏，中国环境监测总站对张家界市空气自动站进行二氧化硫、二氧化氮盲样考核。因时间紧迫，樊玲凤接到任务后，立即进入角色。为保证考核质量、数据准确无误和尽快上报，既要白天的监测数据，也要晚上的监测数据，反复做了几次监测还不放心，最后确定一次标样考核。

那时，监测站在子午路张家界市发展和改革委员会后面，离市委迎宾楼不远。那天晚上，22 岁的樊玲凤，浑身洋溢着青春的气息，怀抱 10 斤左右的钢瓶，向着市委大院走去。在市委大门值班室进行登记和安全检查进门后，通过大院，走进迎宾楼，拐进屋后那段黑灯瞎火的路。走着走着，她感觉身后有人跟踪，回头一看，那人快速躲开，等她再往前走，那人又蹑手蹑脚跟上来。樊玲凤心头一紧，坏了，自己遇到色狼了，顿时吓得拔腿就跑。当她一气冲上通向楼顶的简易楼梯时，后面那人一个箭步跨到楼梯边，一手抓住了樊玲凤的脚脖子，樊玲凤奋起自卫，劈头就是一钢瓶。那人头一偏，"嗵"一声落到他肩上，几乎同时，那人大吼一声："好你个小蟊贼，看你还跑！"一把将她拖了下来。樊玲凤连人带钢瓶"梆梆梆"滚下楼梯，好在离地面不高，人瓶无损。

樊玲凤这才明白，原来双方乌龙一场，她爬起身，有些气愤地反驳道："谁是贼？还以为你是流氓呢！"用手拍拍手中的钢瓶，又说，"请你瞪大眼睛看看，我去楼顶做空气监测！"

原来这是迎宾楼新来的保安，不知道楼顶有自动监测点一事，错把樊玲凤当贼防。听完樊玲凤的解释，他收起自己的凶狠，反而不好意思地说："对不起，误会了！"

樊玲凤也消了气，礼貌地赔礼道歉，还问伤着他没有。保安用手揉揉肩膀，尴尬地笑笑说："没事，我皮厚。"心里却在骂："真是活见鬼，白挨一钢瓶！"

单位人少事多且杂，各项工作都要兼顾。樊玲凤还经常跟着师傅们忙于采样、做实验，特别是到水泥厂、火电厂周围进行大气采样，监测二氧化硫、二氧化氮、总悬浮颗粒物等项目。采样地点每次都有变化，仪器架到哪里就守到哪，有时架到民房屋顶上，樊玲凤经常独自上楼顶，像幼儿园老师看护孩子那般坚守陪伴，与孤独、寂寞、枯燥、单调较量，在监测工作有需要的地方默默奉献。

二

2005年3月，樊玲凤调到设立在旅游景区的"张家界市生态环境监测站"，全站6人，在吴文晖站长的领导下，负责张家界森林公园地表水采样、监测分析、生物多样性调查等综合技术工作，同时还兼顾空气自动站的运行和维护。

"第一次上八大公山搞野外生态调查，那真是三生难忘的一天。"樊玲凤这样回忆道。

2006年，正值梅雨季节，那天，雨一直下个不停，一行六人，各自身穿雨衣，脚蹬雨靴，在向导带领下，向天平山山顶进发。一路逢山过岭，遇溪越涧，有的地方林密藤旺，枝叶太有弹性，稍不留神就是一顿噼里啪啦的回弹，抽得人鼻青脸红，火辣辣地痛。

这样的天气，这样的山林，行进速度缓慢，当他们翻过一座小山，被一条沟壑拦住了去路。因为连日降雨，沟壑的山洪咆哮着，水不太深，但白哗哗的流得急。前面两个男人一边一个牵着宋维彦先涉水而过，当杨家军和张清泉牵着樊玲凤，刚走到水中央，樊玲凤脚下一滑，"啪嗒"摔倒，她摔倒的拉力，把前面杨家军也扯到水中，身后的张清泉被扯得晃了一下，他稳住后，一把将樊玲凤提了起来。杨家军一个翻身站了起来。只可怜两人已成落汤鸡，虽是初夏季节，但在海拔1 800多米的天平山，冻得牙齿只打架。两人咬紧牙关勇往直前，坚持和大家一起完成调查任务才返回住处。

回到房间，樊玲凤脱下湿衣裤的那一刻，突然吓得大哭大跳，一种莫名的、巨大的恐惧感胀满全身。原来她的腿上叮了许多山蚂蟥，胀得肥头鼓肚，像缩小版的鳝鱼爬在腿上。宋维彦见状赶紧帮她拔扯拍打！这时，宋维彦挽起自己的裤腿一看，我的个乖乖，同样叮得满腿皆是，顿感头皮发麻。樊玲凤见了急忙在宋维彦腿上抓扯，两人惺惺相惜，你帮我，我帮你，与山蚂蟥展开一场肉搏战，最终，樊玲凤和宋维彦取得完全胜利。

三

2007 年春，樊玲凤从景区调回到市内，安排在综合室，白天顶烈日跋山涉水采样，然后回到实验室做监测分析，晚上在灯下查资料整理数据，写报告，看书学习，忙得不亦乐乎。这一年，她的人生迎来了新的挑战。

2007 年冬，湖南省生态环境监测系统举办第一次综合分析技术比武，樊玲凤、李佩耕、黄颖彬三人参赛，三人都获个人奖，同时获团体二等奖。

比赛时，试卷最后有道题目是：当某地发生突发环境事件，如果你是项目负责人，该如何制订应急监测工作方案？恰好樊玲凤之前经历过应急监测，也写过此类工作方案，还长期从事监测报告编写工作，对于监测报告的内容、格式了然于胸。面对此题，她以"内容充分、分析深刻、思路清晰、排版一目了然"的绝对优势，一战上岸，斩获第一名。当她站在领奖台上的时候，人们看到了一个熠熠生辉的后起之秀。

赛后樊玲凤说："全省 14 个市（州）参赛选手，大部分比我学历高，从事工作的时间比我长。为什么我能获大奖？是因为其他市（州）人多，做事单一化，反而得不到磨砺和成长，无法全面提高。而我们单位人少，每个人承担的工作任务繁重，涉猎的知识面广，付出多，得到的锻炼多，正如高尔基所言，'人的知识愈广，人的本身也愈臻完善'。"所以她阅历丰富，全面发展，比赛中一举得胜，戴着光环而归。

2007—2009 年，全国第一次土壤污染状况调查工作正式启动，这是建站以来承接的第一个大型土壤专项监测指令性任务，张家界全市共 220 个土壤监测点，监测项目繁多，要求张家界市环境监测中心站按时按质保量全面完成任务。

为此，张家界市环境监测中心站全员出动，兵分两路齐头并进，男同志主要负责野外进山采样，在骄阳似火的酷暑里与天地奋战，一个个晒得像黑铁塔。女同志负责进行实验分析，樊玲凤不仅要参与土壤样品制备，还要负责监测数据整理、监测档案整理，协助其它同事做好数据集整理、图件制作、报告编写等工作。

土壤样品制样工具很原始，土壤样品的碾磨全靠手工完成，是个既累又脏的体力活。土壤晾干后，用又粗又大的擀面杖乒乒乓乓反复捶打，捶细后磨成比面粉还细腻的粉，再用粉筛过筛，然后装瓶。樊玲凤她们一群娘子军在样品制备间忙碌。

捶土块的手臂震得酸疼，手上磨出的血泡一层又一层，2 年后，樊玲凤手上长出松树壳样的老茧。

而这批监测档案整理，一直让樊玲凤引以为傲。因为，她在数据整理和汇总的过程中，就已把每份原始记录，包括采样、分析、质控等资料收集齐全，当这个专项任务完成，她就按样品编号，按所在区域对这批档案进行了系统整理归档，即便是在 10 多年以后的今天，她仍能够迅速准确地索引到当时这个专项任务的所有记录。

她就是这样用细心和坚强、用毅力和经验，塑造监测人最壮美的青春形象。

四

"登山凿石方逢玉，入水披沙始见金。" 2009 年寒冬季节，湖南省环境监测系统第三届现场监测技术比武大赛即将举行。新上任的领导胡家忠 "唯才是举，思贤若渴"，极力培养、推荐人才，非常支持参加这届省赛活动，特意安排樊玲凤、李佩耕、龚晓斌三人参赛，提前两个月进行准备，并请专业师傅培训指导。

比赛包括理论考试和现场操作两个环节，现场操作反而成了樊玲凤的弱项。但领导的高度重视，增强了樊玲凤的信心，使她在训练中淋漓尽致地展现自我。每天在 "溪深难受雪，山冻不流云" 的寒风中，忍受着刺骨的寒冷，一遍又一遍地往返于实验室至大庸桥模拟采样点，不断重复采样动作，不断规范采样流程。

有一天，天公不作美，天气非常寒冷，北风恶狼似的呼啸而来，刮在脸上刺疼，加上又下着毛毛细雨，樊玲凤身上、头上一会儿就布满了晶莹剔透的小雨珠，进而转化成一层白色的霜花，像戴了一顶钻石头冠，在冬日的寒风中闪闪发光。

来到采样点，观察好取样点周边环境后，接着清洗采样器和容器2～3次，按照顺序采样装瓶，有的项目要单独采样，粪大肠菌群样品于细菌瓶中，不能采满，要留空，一般只采容器80%；装箱时分门别类不能装错，装完后在每个样品容器上贴上唯一性标识；有的样品要根据监测项目和监测要求加入保存剂，在添加过程中，所用器具不可混用，避免交叉污染，有的样品要置于冷藏箱中保存，最后根据现场采样情况，如实填写采样原始记录。

这一套训练结束，樊玲凤的双手冻得像胡萝卜，手指头由刺痛到麻木僵硬，不到一个星期，"我的手长出许多树疙瘩样的红坨坨，不小心碰一下，痛得钻心，痛得泪腺失控。更糟糕的是，晚上睡到被子里，那些坨坨遇热后集体造反，奇痒无比，我就不停地抓挠，抓得双手又烧又痛，十分难受。"她边说边在手上挠，深陷回忆之中，"后来，有些坨坨被我挠破了，溃烂了。"

是的，她就是用这双长满冻疮的手，在湖南省第三届现场监测技术比武大赛上，像一团烈火在燃烧，一场巨浪在翻腾，以秋风扫落叶之势再次"临门一脚"斩获冠军。

樊玲凤第一次技术比武夺冠可能有运气的成分，但运气不可能总是宠幸于她，能在两次技术比武中夺冠，这就是"实力股"。

五

要想摘玫瑰，就得不怕刺。哪怕再忙再累，樊玲凤从不放松自己的学习。为了安心看书，双休日、节假日都到办公室看，即便是"十一"长假也不休息。多年的坚持，使她全面、系统地掌握了环境保护领域尤其是环境监测领域的知识，成为环境监测事业中的一把好手。

她明白，"在寻求真理的长河中，唯有学习，不断地学习，勤奋地学习，有创造性地学习，才能越重山跨峻岭"。她说自己有豪迈自由、洒脱的灵魂，只要累不死，就要不断地读书学习。因为"读书也像开矿一样，'沙里淘金'"，她一边工作一边自学，首先轻松取得本科文凭。从 2008 年开始，她又报名参加环境影响评价工程师职业资格考试。这种考试并非易事，通过率每年控制在 2% 以下，全省每年通过考试的人数不足 20 人，都是出类拔萃、行业翘楚的精英人才，自己没点底气是不行的。《法律法规》《技术守则和标准》《技术方法》《案例分析》四门课，必须在连续两年年度内考完，否则从头再来。有的人连考 10 年都不成，樊玲凤锲而不舍，经过 4 年的咬牙坚持，从失败到成功，2011 年终战告捷，完美收获"环境影响评价工程师职业资格"。

2015 年对樊玲凤来说是非常艰难的一年，由于身体原因经历一些磨难，但她没有被困难压垮，而是一如既往地投入到监测工作当中。当时，减排工作逐渐引起重视，而张家界市杨家溪污水处理厂的进水浓度太低，导致减排量核算出现较大偏差。怎么办？当时正好有一个契机就是市城区澧水大桥拆除重建，当年 9 月熊壁岩大坝放水，城区河段基本干涸。于是，她在项目负责人胡家忠站长的带领下，与项目组其他同事一道，接连 3 天，从鹭鸶湾到大庸桥这段路，每天来回走三十多里，沿着市城区段澧水南北两岸徒步现场踏勘，寻宝似的查找排污口和疑似渗漏点。当走到澧水北岸原澧水大桥路段时，由于当时澧水大桥刚刚拆除爆破，那些建筑碴石还未来得及清理，而旁边又无路可走，她和同事一道，手脚并用，从建筑碴堆爬过那段路。通过这样艰难的现场踏勘，樊玲凤非常充分、及时地收集整理了一套较为完善的资料，呈报给主管部门，为修葺维护城市污水管网、合理核算城市污水处理厂的减排量提供了有力的技术支撑。

蔡培元说："唯有专心致志，把心力集中在学问上，才能事半功倍。"樊玲凤就是这样一位专心致志的女性。别人一辈子能考上一个高级职称，就是福星高照、心满意足了。可她并不满足现状，而是一鼓作气、趁热打铁，向更高的天空翱翔。

2020 年，她又一举考取注册环保工程师执业资格证书，从而成为湖南省张家界生态环境监测中心独树一帜的"三师"人才。

不仅自己下苦功学习，婚后，她勤俭持家，艰苦奋斗，还支持丈夫脱产升造，用三年时间为家里成功培养出一位优秀研究生，让自己未竟之理想在丈夫身上得以实现，也算是理想之石敲出了星星之火。

樊玲凤说："湖南省张家界生态环境监测中心既磨砺了我，也成就了我。"21 年间，不用领导扬鞭，她就奋力奔跑，因而多次获张家界市环保局和监测中心嘉奖，2014 年光荣加入中国共产党，为自己的人生带来了光明；樊玲凤不畏艰苦，不断追求卓越，2015 年 3 月，又收获了生态环境部首批环境监测"三五人才"，这份高尚荣誉，不仅有"风吹九州，我自成风景"的亮点，也使她成了业内翘楚；2021 年，她光荣当选张家界市第八届党代表，这一光环犹如火炬，照耀着自己不断前进。

八、山水"侦察兵"

　　梁鑫，身体壮实，性格开朗，充满活力，为人阳光，是个未曾开言先堆笑的热血汉子。他像一名侦察兵，具备吃大苦、耐大劳、冒大险、敢与死神较量的斗志，把生态环境保护工作视同保家卫国一样神圣。数年来，他以天荒地老的决心，在现场监测采样工作中：

　　　　　翻高山跨险峰，

　　　　勇当山水"侦察兵"。

　　　　采样器插入水心脏，

　　　　深入深山摸地情。

　　　　一颗红心随身在，

　　　　山水路上打先锋，

　　　　英勇无畏向前冲！

　　正是在这些过程中，梁鑫经历了多次惊险，两次与死神擦肩而过。

2020 年夏，那天，现场监测科的梁鑫和田丰出门的时候，天色有点难看。他俩带着采样器具，到永定区澄潭断面采集底泥样品。两人乘坐环卫处捡垃圾的电动小船，向河心驶去。

位于大庸桥月亮湾社区澧水河区域的澄潭，下游是木龙滩电站，上游是花岩电站，目标点位在河中央，需要划船过去。因电站大坝的拦截，曾经像《蓝色多瑙河》交响曲那样充满活力、洋溢着激情而欢快流畅的清澈滩头，已变成深不见底的深潭，像一个巨大的吞口，使人望而生畏。

田丰在船头掌舵，梁鑫拿着底泥采样器坐在船沿上。虽不是第一次来此采样，但对于梁鑫这个不会游泳的"山螃蟹"来说，有种"龙游险滩流落恶地"的恐惧感。船开到目标点位，梁鑫就忙开了，抛下采样器，准备采集表层底泥。就在这时，突然起风了。似乎从《山海经》里飞来的风神，把澄潭上空搅起阵阵狂风，刮得岸边树木鬼叫般作响，刮出阵阵惊涛拍岸的啪啪之声，船也随之摇晃起来。风越刮越猛，越刮越怪，突然一阵旋风将船旋了起来，接着似乎被一只巨怪的手"啪"一巴掌，船翻了。田丰和梁鑫两人被甩了出去。田丰从小在澧水河泡大，早有一身"浪里跳""水上飞"的本事。可梁鑫这只"旱鸭子"，凭救生衣的浮力在水里瞎抓乱拽，拼命挣扎，大呼救命。田丰像海上水兵，快速冲到梁鑫身边，慌乱中一把抓住梁鑫的救生衣，谁知，梁鑫吓慌了神，只顾瞎扑腾，也许是田丰用力过猛，或是救生衣没有扣牢，总之被田丰像抓水上的浮物一把将救生衣抓在手上，梁鑫却像秤砣般沉下水里。

说时迟，那时快，田丰迅速脱下身上的救生衣，潜入水中，一把拽住梁鑫的胳膊"刷拉"冲出水面。梁鑫仰面朝天喘出一口长气，任由田丰摆弄着向岸边游去。田丰水上功夫了得，像海豚劈波斩浪，劈开一条水路，向前，一直向前，拼尽全力，终于游到了岸边。上岸后，两人瘫倒地上，喘着粗气，既累又后怕。梁鑫获得二次重生，深感回到人间真好。

这是出生于 1990 年的梁鑫经历的一场生死劫。此事已过去 4 年，至今想起，仍然令人不寒而栗，心有余悸。

"都过去了，经历两次生死瞬间，是我工作岁月里抹不掉的记忆和考验。"梁鑫这样说。

"梁鑫是个诚实可靠、正直善良、工作很出色的优秀青年。"湖南省张家界生态环境监测中心的党支部书记、主任胡家忠时常不无骄傲地这样夸赞。

梁鑫父母是农民，但心胸开阔有远见，为了送孩子上学，进城租房陪读。母亲每天起早摸黑到市场上摆摊卖菜，父亲是卡车司机，无论寒暑，风雨无阻，日夜兼程，赚钱养家。夫妻俩同心同德，勤劳苦做，勤俭持家，硬是将 3 个孩子培养成大学生，成为服务社会的优秀人才。

梁鑫的父亲对孩子要求严厉，训导孩子必须勤奋、刻苦、宽容、厚道、恭敬、谨慎。梁鑫受父母亲潜移默化的影响，从小能吃苦耐劳、积极上进。他 4 岁时，人还没牛膝盖高就跟在大人后面上山放牛。还学会扫地、喂鸡养鸭等力所能及的家务。上小学后，利用寒暑假陪父亲跑车。为了省钱，10 岁就帮忙卸车、卸砖，每提 6 块，重 10 多斤。一车砖卸完，手上磨出一层又一层血泡。一个暑假晒得黝黑，手上长出乌龟壳样的老茧。

正因这些磨难，强健了他的体魄，磨砺了他的意志，砥砺了他的锋芒，激发了他的自信，坚固了他的自强。

梁鑫从小学习勤奋，像海绵一样吸纳知识，在一个个灯火通明的夜晚，认真品读各科书本，打磨本事，等待发光的那一天。四年大学更加发奋，各科成绩优秀，政治思想突出，综合素质出色，因而每年获得学校奖学金，大三时获得"国家励志奖学金"；他通过大学生英语六级考试，还取得了全国计算机等级考试二级 C 语言的合格证。

梁鑫的故乡在邵阳市新邵县酿溪镇。2013 年 7 月，他从湖南工程学院化学工程与工艺专业毕业后，去广东打工。2014 年回家过年时，从网上得知张家界市环境监测中心站招聘 5 名劳务派遣合同工。为此，带着满心热爱，他来了，并以志在必得之豪迈赢得笔试、实验分析综合成绩第一的绝佳优势被录取。第二年年底，他又以独占榜首的惊喜，通过张家界市市直单位公开招聘考试，把自己变成正式员工，使这个放牛娃出身的青年一下子有了最美的归属感。

上班伊始，他每天迎着朝霞，闻着花香，怀着美妙而火热的心情，开启他崇敬而艰辛的职业生涯。

梁鑫被安排在现场监测科挑大梁，每天在污染源监测、建设项目环保验收监测、土壤环境质量监测、水环境质量监测、声环境质量监测、生态质量监测、应急监测和实验室分析以及各类监测报告的编写工作、预算编制以及现场勘察、采样分析等大大小小、零杂琐碎的忙碌中书写青春之歌。

采访前，我认为地表水采样就是打一桶水回来那么简单。2023 年 3 月，我受邀参加现场监测人员赴慈利江垭溇水河采集水样，见证地表水每月常规采样全过程，从而刷新了我的认知。

从市区出发，坐了 2 个小时的车才到达目的地。

四人各自穿好救生衣、戴好手套，带着现场监测仪器、采样器具和一大箱样品容器，来到水质采样断面，各执其事有条不紊地忙起来。单是做容器准备的清洗就忙了好一阵，根据不同的监测项目，确定不同的样品容器并按照规范要求洗涤，如铜、锌、汞、砷等选用聚乙烯塑料瓶，六价铬、阴离子表面活性剂选用硬质玻璃瓶，硫化物选用棕色硬质玻璃瓶，总大肠菌群选用水质无菌采样瓶等。

梁鑫边用便携式水质五参数快速测定仪测 pH、溶解氧、电导率、水温四项指标，边告诉我测试细节：测量 pH 时首先进行仪器校准，用 pH 试纸确定水样的大致 pH，然后选择 pH 为 7.00 缓冲溶液校准仪器，最后选择 pH 为 4.01 缓冲溶液校准仪器，校准结果合格后方可使用仪器，并现场记录校准结果。pH 缓冲溶液等废液放进专用废液桶中。现场测定水样 pH 时，用蒸馏水冲洗电极并用滤纸边缘吸去电极表面水分，采集适量水样于样品容器中，并将电极浸入样品中，缓慢搅拌，避免产生气泡。待读数稳定后记下 pH 和水温。同时校准电导率和溶解氧，再测定电导率和溶解氧。

取水要观察水环境，从水流明显的河中央取水，以防搅动泥沙或沉淀物，以及取水注意事项等。

因为没船，水面宽度小于 50 米，负责采样的陈奇浪，利用长绳的功能将桶抛向河中央，手腕用力一抖，水桶潜入水下，满载而归。然后由梁鑫、樊莹、邓亚群、陈奇浪进行样品采集。除粪大肠菌群、石油类、五日生化需氧量外，先用采集的水样荡洗采样器与水样容器三次。微生物样品、重金属和普通无机物要按照顺序采集；硫化物、氰化物、六价铬、挥发酚、阴离子表面活性剂、粪大肠菌群等项目的水样分别要单独采样；采集粪大肠菌群样品不能采满，要留空 20%；采集铜、锌、汞、砷、硒、镉、铅等重金属样品要装在聚乙烯塑料瓶中；采集阴离子表面活性剂、砷和铅平行样品等，确保每批次不少于10%的现场平行样和全程序空白样。样品采集后在每个样品容器上贴上唯一性标识。有的样品要尽快运送实验室分析；有的样品要根据监测项目和要求，在样品中加入保存剂，如镉、铅、铜、锌等样品，用胶头滴管加入适量浓硝酸、摇匀，用玻璃棒蘸取适量溶液至 pH 试纸上，与比色卡颜色对比，显示样品酸度 pH < 2 等；在添加保存剂的过程中，所用器具不可混用，避免交叉污染；高锰酸盐指数、五日生化需氧量、粪大肠菌群等需要冷藏的样品置于冷藏箱保存。根据现场采样情况，如实填写采样原始记录。

采样结束，快马加鞭往回赶。回到单位后，梁鑫、陈奇浪将样品和采样记录交接给质量管理科，质量管理科根据采样任务单核对样品数量无误后将样品流转分析人员。

梁鑫说："光是地表水的采样就能忙得头昏脑涨"。全市两区两县 26 个监测断面，饮用水一年一次 109 项全分析采样；饮用水每季度一次 61 项监测采样；地表水、饮用水每月一次 29 项常规监测采样；还有污染源执法监测、应急监测、投诉监测以及土壤环境、生态质量、声环境质量监测等。因而任务多、人员少的矛盾非常突出。

2017 年，在全市生活垃圾填埋场专项检查发现，张家界城市生活垃圾填埋场排放的废水中氨氮、化学需氧量、粪大肠杆菌群浓度偏高。为了查明原因及确定整改措施，梁鑫和同事们冒着严寒、顶着烈日先后到该企业采集样品 20 次，出具监测数据 100 个、监测报告 20 期，准确地判断污染物变化趋势，为环境管理提供了强有力的支撑。

2018 年，梁鑫负责编制张家界市县级以上集中式饮用水水源地周边土壤环境质量调查点位布设方案，顺利通过湖南省生态环境监测中心专家组评审。在 10 个县级以上集中式饮用水水源保护区布设 67 个点位，完成饮用水水源地周边 67 个点位的现场采样和制样工作。参与并完成张家界市国家土壤环境监测网络的建立，包括国家网土壤环境监测背景点、风险点、监控点等点位的现场核实、现场采样、样品制备、样品流转等工作。参加湖南省生态环境监测中心组织的国家网土壤环境监测交叉检查工作，学习经验，编制交叉检查报告、点位核实、工作总结等各类土壤报告工作。参与并完成张家界市省级土壤环境监测网络的建立，负责省级网交通干线和大型加油站周边土壤环境监测点位的布设，并编写了点位布设方案上报湖南省生态环境监测中心，布设了 4 个交通干线和 4 个大型加油站周边土壤监测点位，同时对每个点位进行现场核查，发现不适宜采样的地方及时调整。同年 10 月，梁鑫以全国蓝天保卫战重点区域强化督查第九轮淄博市第五督查组成员的身份参加督查工作，按照分工计划，克服异地水土不服、天气炎热等诸多困难，坚持高标准、严要求，严格遵守督查纪律和中央八项规定精神，共督查企业 106 家，上报生态环境部 9 个问题，督查工作得到上级领导的肯定。

2019—2021 年，连续 3 年参加湖南省生态环境厅组织的排污单位自行监测专项检查工作，完成 57 家企业自行监测检查工作；根据省生态环境厅安排，参与编制省厅关于 2020 年全省自行监测专项检查工作送审稿通报、2021 年全省污染源监测质量核查工作的送审稿通报；编制 2021 年岳阳、益阳、娄底、张家界污染源监测质量核查报告；根据湖南省生态环境监测中心安排，撰写 2020 年湖南省自行监测专项检查工作总结并上报中国环境监测总站。

2022 年 10 月 7 日，梁鑫和爱人正带着两个孩子在老家邵阳休假，突然接到领导通知，由于张家界发现了新冠病毒感染者，要求尽快返回单位待命。梁鑫和爱人立刻收拾东西带着孩子连续开车 6 个小时、中途没休息，赶回张家界。梁鑫将 4 岁半和 1 岁半的两个孩子以及所有家务扔给妻子打理，他第一时间赶到一线做好现场监测工作。这次梁鑫负责编制张家界新冠肺炎疫情期污水处理厂和隔离点废水应急监测方案、隔离酒店的样品采集和余氯测定。为了减少新冠病毒从物传到人以及采样器具产生次生污染，梁鑫和同事选择了长竹竿和塑料瓶绑在一起代替平时的采样工具，采样结束之后将塑料瓶消毒后放在采样点位附近统一销毁，减少了采样器具与人、车辆的接触。期间，梁鑫和同事们完成11个隔离点、9批次样品采集，出具应急监测快报9期，为市委市政府加强隔离点的监督管理提供强有力的技术支撑。

同时，梁鑫自我加压，主动承担国家地表水采测分离，常规地表水、饮用水，水质断面重金属专项监测等任务的六价铬分析工作，每年完成5个批次、约100个采测分离六价铬样品分析工作和12个批次、约500个常规地表水六价铬样品分析工作，并将数据及时准确上报。

2023年2月，梁鑫获得第十六届全省生态环境监测专业技术人员大比武省直环境噪声与振动监测组个人"二等奖"。为了更好的准备这次竞赛，他利用周末和上班空余时间、发扬工匠精神，认真研读《大比武试题》、《持证上岗考核试题集》、噪声相关技术标准规范等，并且建立错题集。因缺乏相关学习资料，对比较难的试听判断比赛，除了对照噪声技术规范，更多的是与其他同事共同探讨，甚至经常向其他市州监测中心的同仁请教，确保标准的现场监测和采样操作方式。

对于最难的现场实操，梁鑫采取重新设计原始记录表，做到你有我有、你无我有；钻研技术规范，例如工业企业厂界噪声监测等技术规范中对稳态噪声的判断和非稳态噪声的监测时间确定与背景噪声的测定，并没有给出具体判断方法。通过研读监测案例，确定两种方法判断，在噪声源边界判断或厂界判定。但是在厂界判定是否稳态噪声时噪声源之外的声音会干扰判定，为此他反复研究讨论确定了几个判定原则指导比武考试和日常实际工作。背景噪声的监测也是难点，难在噪声源能否停止和停止之后周围声环境是否发生了变化，以及难在背景噪声对照点的选取，为此他反复研读噪声监测案例和技术规范，归纳总结共同点和可以指导实操的方法。另外一个关键点就是非稳态噪声监测时间的判断，规范上说非稳态噪声的监测在噪声源有代表性的生产时段进行，这个有代表性的时段在实践中是需要花很多时间去判断的，他不断的调查监测最终确定了相应判断原则。

他说忙点累点不怕，最怕的是土壤采样、生物多样性监测，全市86 个国家网土壤监测点位和 36 个生物多样性监测点，大部分都在深山老林，上山要凭经验、凭敏锐的观察能力。那种前路未知、周围环境未知、蚊虫叮咬、酷热中暑、能否到达等未知的因素及人身安全威胁，真要有"狼牙山五壮士"的民族气节与英勇无畏的精神，方可临危不惧、坚贞不屈地完成任务。

国家网土壤环境监测采样，包括背景点、风险点和基础点监测，这些点位一般都设在森林、山地、耕地、人类活动影响较少的地方。采样时利用"采样手持终端"确认目标采样点位坐标，采样位置以目标点位为圆心、半径 30 米范围内，观察、优选符合土壤采样代表性要求的位置。若点位距离超过 30 米，软件就会自动退出或者打不开软件。

目标采样点坐标原则上不允许修改，确因现场客观条件不满足布点要求或经现场核查发现有更合适采样地点而必须调整的，通过"采样手持终端"提交偏移采样原因及佐证材料，无须在线等待审核，直接进入采样界面，先行完成"采样手持终端"记录样品采集过程及样品相关信息，这是个实打实磨砺人的体力活。

《寂静的春天》里有这样一段话："真正的伟大不在于鲁莽的行动，而在于面对危险的时刻，即使为了一根稻草，也要慷慨地战斗。"

2017年，5年一次的全国大规模土壤环境监测采样任务来了，面对全市80多个土壤监测点，现场监测科艰难困苦的时刻到了。

春末的一天，天气放晴了，这是个难得的好天气，之前连续下了一个星期雨，影响了土壤采样任务。

吃过早餐，梁鑫和田丰、吴鹏、屈阳坪四人，带上砍刀、锄头、塔尺和装着样品带、棕色玻璃瓶、便携式手提秤、便携式打印机的箱子，一车开出城外，向西南方驶去。车到邢家巷仙人溪出口左拐，地势陡然一变，一座庞大的高山，像一道天然屏障矗立在眼前，这就是崇山。

崇山与天门山相连，是天门山的兄弟山。这里山势嵯峨，海拔1164米，弯弯曲曲的盘山公路如虬龙一般，沿山盘旋而上，直到山顶。这里正如唐代诗人裴夷直形容的"地尽炎荒瘴海头"。传说尧臣驩兜因举荐共工获罪，被舜流放于崇山。山上还有驩兜墓、驩兜屋场、驩兜庙。

下车后，各自扛着工具，打开手持式 GPS 终端，向袁家组最高的经纬度定位山头进发。土壤采样，好比探险家在无路可走的荒山野岭，提心吊胆地侦察前行。穿林过涧，披荆斩棘，逢草必钻，见坎便爬，逢刺就砍，遇到悬崖峭壁得绕道。树林里到处暗藏杀机，蜈蚣蝎子、蚊虫针蚁、毒蛇马蜂窝时有出没。一会儿这个"哎哟"被荆棘扎伤，一会儿那个"呦呵"腿摔破了皮。梁鑫挥舞砍刀，像孙悟空护卫唐僧那样，劈开重重雾，闯过道道坎。一路艰难跋涉，上坡下岭，横插直穿，拐来绕去，爬上一个坎终于到达定点范围内，大家有种如释重负的惬意。

土壤采样分采集表层样品和剖面样品，表层土 0 ～ 20 厘米深处取样；剖面土要挖出长 1.5 米、宽 0.8 米、深 1.2 米的剖面。

这个样点要进行剖面土壤采样，大家七手八脚开荒斩草开辟取样地。由于场地限制，只能两人一组轮换挖，整整挖了一个上午，四个人像当地烧木炭炭牯佬挖枯炭窑那般，挖出一个坑道，分别在 0 ～ 25 厘米、25 ～ 80 厘米、80 ～ 120 厘米深的地方取出 A、B、C 三层土，每层 2 千克，共 6 千克。取好土，大家就地休息准备返程。就在这时，梁鑫突然一声惊呼："快、快跑！"话音未落，只听咔啦一声怪响，一块鼎罐大的狗头石正向着田丰后背滚来。梁鑫上演电影镜头里的生死时速，不顾一切将田丰一把推开，自己顺势一滚，恰好滚入刚挖的坑道里，几乎同时，那块狗头石一蹦一跳飞过坑道砸向坎下。吴鹏、田丰、屈阳坪三人被这突如其来的变故吓得魂飞魄散，呆若木鸡。

片刻后，梁鑫爬出坑道，一屁股瘫坐地上，说："幸亏这个坑救了我，要不然，为了6公斤土，差点把自己交代在这里了。"

田丰既后怕又感激地说："为了我，你'交代'了，我这辈子灵魂不得安宁。"

"俗话说，放得人情千日在，哪有人情不转来？你救过我，今天算我还你人情，从此，两不相欠。"梁鑫开玩笑地说完，一挥手示意下山。

多年来的环保工作，那些翻山过界的惊险奇遇和生死搏杀的辛酸史，他和同事们哪个不能谈上三天三夜？

2022年，现场监测科迎来了又一个辛苦年。不仅要完成34个土壤监测点位采样任务，还要参加6月全省的统一行动，对永定区、武陵源区、慈利县、桑植县的生态样地进行全面核查，而且还要完成本中心自己建立的36个生态样地监测工作。这次监测任务重、时间紧、要求严，为了按时完成任务，分3组苦战3周才完成。目前已初步建成张家界市生态质量监测网络，进一步摸清了样方中的植物底数，可长期观测样地中群落生物及环境要素，为生物多样性保护提供了科学依据。

36个生物多样性监测样地，有30个在桑植县的八大公山。如监测样方，在一块平整的土地上，做成 9 块大小 20 厘米 ×20 厘米、深度 50 厘米 ×30 厘米的样方，每块样方上盖一块通气纱窗，两边插四根小指粗的塑料管，像人类的呼吸道，测试土壤里微生物分解后呼出的二氧化碳，测试经特殊处理的试样土和没处理的土壤释放出来的炭有何区别。还有种子雨收集器、花粉收集器、树木生长测量环、红外相机等方法，与大自然和衷共济、相亲相爱。

八大公山海拔 1 890 米，有着全球罕见的“物种基因库”“天然博物馆”，是一座雄伟神奇的地理宝库，一部精彩绝伦的山水宝典。山海浩瀚，群山连绵，峰峦叠嶂，莽莽峰林像千军万马护卫着或深或浅的青山绿地。

过了杉木界，进入斗篷山原始森林，再也没路了。箭竹林密得连鸟都飞不过去，刀劈也没用，只能蛙泳的姿势，低着头，用手分开一个缝隙，身体使劲儿往里钻。带器具箱的人，先将箱子塞过去，然后身体再爬过去。还得小心太有弹性的枝叶瓣里啪啦往脸上抽鞭子。

这些明显困难容易克服，最令人头皮发麻、心惊肉跳的是那些躲在草丛里的山蚂蟥、毒蛇、马蜂窝。据说在山林里，走在第一的人相安无事，走在第二的人容易被虫蛇咬。没走多久，邓亚群首先惊叫了起来，这一叫不打紧，把樊莹也吓得不轻，她俩被山蚂蟥叮上了。尽管穿的雨靴，但山蚂蟥好生狡猾，深褐色的身子缩小得像细麻绳，平时藏在草丛或枯叶里，或藏在草叶、树叶背面，有人路过，它凭红外热感反应，悄无声息地粘到衣服上，然后魔法般穿过布纹缝隙，钻进人体毛孔，像吸血鬼海吃猛喝，将身子胀大到指头粗。只有这时人的身体才有感觉，一摸，腿上多出一条软绵绵的东西，挽起裤腿一看，女人尖叫，男人拍打，不少胆小的女人第一次被吓得大哭。

樊莹和邓亚群虽不是第一次遇见，还是吓得又叫又跳，连拍带打，总算摆脱了"吸血鬼"的纠缠，惊魂未定地逃离。

穿着雨靴在林中穿来穿去，腿脚笨人也累。土生土长的桑植人王剑波，手拿镰刀在前面带路，一路过关斩刺，劈草砍藤，走得缓慢。

走着走着，一篷刺藤挡住了去路，王剑波挥刀砍下去，只听"嗡"一声，飞出一窝"土路蜂"，学名胡蜂，有过捅马蜂窝经验的梁鑫和王剑波大喊"快蹲下！"胡蜂凭风声判断是否有来敌，故而遇到胡蜂不要惊慌逃跑，立即蹲下，用衣服抱头，胡蜂以为不是活物对它没有威胁，就不会蜇人。可樊莹和邓亚群像《熊出没》里的光头强拔腿就跑，这一跑就坏了，"土路蜂"闻风而起，围着她俩穷追不舍。林密无路，她俩哪里跑得过土路蜂，梁鑫和王剑波蹲在地上连声大喊："别跑，快蹲下！"可为时已晚，只听两人被蜇得"哎哟、哎哟"不断叫唤，手上、头上叮了好几个包。幸好备有防蚊虫叮咬的药，及时做了处理，两人并无大碍。

俗话说，遭火烧又被雷打。做完红外相机胶卷和乔木层、灌木层、草木层样方的各类收集，返程路上，在穿过一片森林时，有棵青冈树树枝横在前方。王剑波一刀砍过去，树枝没砍断弹了回来，刚好弹到梁鑫头上，随之一条当地人叫"青竹飙"、学名竹叶青的毒蛇，被惯性甩到了梁鑫头上；这一猝不及防的惊天巨变疼得人蛇同时懵了，梁鑫一个趔趄被树兜绊倒滚下坡去，慌乱中他抓了几次树根没有成功，万分危急时，崖边两棵大树拦住了他。梁鑫爬起来抱住树望下一看，万丈深渊，若掉下去必定变成一堆破烂肉。

现场监测科目前有梁鑫、田丰、陈奇浪、胡浪"四大金刚"，从人员配置上就可以看出，这是张家界中心力量的象征。梁鑫以无私奉献精神和出色的工作能力，赢得了自己的高光时刻。2019 年 7 月 1 日，他幸福而骄傲地站在党旗下，成为一名光荣的中共党员。不久，又被组织推上了现场监测科副科长的职位，从此他的底气更足，干劲更大。

十年来的现场监测和采样经历，大自然时不时制造一些麻烦和凶险，让这群"侦察兵"面临无数艰难险阻。但梁鑫和所有环保人一样，有责任，有担当，他的确做到了舍生忘死，砥砺前行。

"风雨历程磨壮志，历经磨难显辉煌"。梁鑫多年的努力和拼搏，赢得了"军功章"上耀眼的光芒：2016 年，获"湖南省首届环保法律知识竞赛"团体第三名；2018—2021 年，分别荣获张家界市生态环境局党史学习教育知识竞赛两个三等奖和一个二等奖；2020年获张家界市生态环境局"文明职工"称号；2021年获张家界市生态环境局"优秀共产党员"称号；2022年，获第十五届全省专业技术人员大比武采样组个人"三等奖"；同年，获湖南省生态环境厅"优秀青年"称号。2023年2月，获第十六届全省专业技术人员大比武个人"二等奖"；看着这些闪着金光的荣誉，让梁鑫心中满是自信和自豪。多次的惊险与生死经历，早已化为采样人另一番豪迈的坚守与勇气。

九、我的本行不能丢

确切地说，是 2008 年北京那场惊艳世界的绿色奥运盛会，成就了她的梦想，成就了她的未来。

她叫樊莹，从小是个有思想、有主见的女孩，高中时，她对北京筹办奥运会特别关注，从中得到重大发现：奥运会把保护环境、保护资源、保护生态平衡，作为奥运设施规划和建设的首要条件，并广泛开展环境保护的宣传教育活动。她由此开悟，对保护生态环境情有独钟，作出了人生第一个重大抉择：高考第一志愿——环境科学类，并以不凡的成绩与奥运会同一时间、同一空间——2008 年，把自己送进中央民族大学这所 985 高等学府深造，从而擦亮了青春之光。

20 世纪 90 年代出生的樊莹，来自革命老区——贺龙故乡桑植县，有着忠诚、坚韧、务实、进取的秉性。她父亲是公职人员，母亲单位不景气，上 2 年班就遭遇下岗。父亲一个人工资养活全家，还供她上学，因此日子过得有些拮据。

樊莹四五岁随父母进桑植县城，租房住搬过三次家。天天跟着母亲摆桌球、摆地摊，卖甘蔗、橘子、花生、瓜子等小吃，赚些小钱补贴家用。

俗话说，祸不单行。8岁那年，这个俗话魔咒般击中了樊莹。暑假到了，父亲要上班，母亲也忙着去做临时工，都没时间照顾孩子，只得将樊莹送到乡下大舅家寄养。

有一天，樊莹跟着大舅坐拖拉机去利福塔镇上赶集，由于人货混装车子超重，爬坡时拖拉机倒退，这一退，就把人货"嘎啦"一声推倒了坎下。好在车子慢慢退下，小土坎不高，下面是杂草丛生的斜坡，人货横七竖八散落一地，其他人都没受伤，可樊莹的右脚被货物挤压，导致皮外划伤里面骨折，为了治疗脚伤，她又回到城里。上高中的表哥也随樊莹来到城里，一来照顾脚伤的表妹，二来准备高考复习。

晚上通宵下雨，第二天早上仍然大雨滂沱，没有停下来的意思。樊莹父母一早上班去了，樊莹的表哥晚上看书睡得晚，樊莹的脚还肿着，俩孩子在家睡大头觉。谁知老天狂怒，雷霆万钧，洪水猛涨，上午八九点钟，桑植县半个城池陷入一片汪洋。樊莹家住的平房，水已淹没半人深，邻居见她家没动静，涉水过来连喊带吼，把门拍得山响。两个孩子惊醒一看，各自睡的木床已经漂浮水面，船一般晃荡。樊莹的表哥梦里抽魂般跳入水中，冲到樊莹房间。樊莹正坐在被洪水浸湿的床上，表哥赶紧背起樊莹奋不顾身地泅水而逃，当他们上岸不久，那个曾经赖以生存、为他们遮风挡雨的家和所有家什物品都随洪浪付诸东流。

这就是超历史纪录的 1998 年 "7·23" 特大洪灾，使桑植县城、澧水两岸满目疮痍，一片苍凉，也在樊莹童年记忆里烙下一道永不消失的痕迹。

樊莹的脚伤因洪水浸泡，几经折腾，感染发炎，杵着棍子一瘸一拐还坚持上学，她说哪怕坐在阴沟，也要眼望星空。

洪灾过后，政府扶持灾后重建，1999 年，樊莹一家三口终于有了自己的房子，有了稳定的家。

"人生谁无少年时，甜苦酸辛各自知。"樊莹从小受到父母的严格管教，历经磨难和苦痛，深感生活的艰辛与不易，因此她没有丝毫独生子女的优越感，反而读书非常刻苦，成绩相当出色，小学到高中都在重点班，多次担任班干部。高中三年，她不负韶华，只争朝夕，学习成绩一直名列前茅，得到 "三年免费" 的特殊奖励，为父母减轻了负担。

因家里条件受限，樊莹没学其他特长，也不善社交，故而得不到附加分，她只能凭真才实学提高自己的学识和品位，大学理论成绩拔尖，各科一次性考过，成为高等学府中的佼佼者。

但刚到中央民族大学那会儿，她这位从湘西大山里走出来的土家族姑娘，一身乡土气，比《陈奂生进城》还掉渣。开学时，学校举办开学庆典活动，各班出一个节目，节目里有句台词叫"必胜客"，头一次听说，她一脸茫然，问同学"必胜客"是啥神器，同学们没告诉她"必胜客"就是"吃比萨"的意思，而是笑得前仰后翻差点岔气。

同学用苹果手机与亲戚朋友谈天说地，樊莹以鸿雁传书向父母汇报自己读书获奖的喜悦；同学追求时尚高档消费一身名牌，樊莹把每月 800 元生活费，从饭碗里抠出一份，买些北京特产寄给父母；同学用手提电脑玩游戏炫酷，樊莹用 200 元买个组装手机，只为与父母亲近与交流。就在这样的城乡差别中，她以名列前茅的成绩完成四年大学生涯。

2012 年夏，樊莹回到家乡，刚好赶上桑植县监测站招聘监测员，通过考试她轻松夺冠，成为桑植县环境监测站首届监测员。

2013 年，她的人生迎来了"好雨知时节，当春乃发生"的美好时光。张家界市环境监测中心站招考 3 名事业编制监测员，樊莹怀着"学习本无底，前进莫彷徨"的志向，她报名了。

刚好这时，湖南省环保厅举办的第八届职工技术技能比武大赛，也进入紧锣密鼓的准备阶段。赛前，张家界市环境监测中心站领导决定，从区县选一名技术能手参加省赛，通过考试刚好选上樊莹。她从桑植县来到张家界市环境监测中心站胡家忠麾下，进行为期一个月的全面系统复习。由李文霞和黄斌两位老师授课，学习期间其他人时而提问时而探讨，樊莹听得认真、记得仔细，但有的实验分析她没接触过，像听天书一样一窍不通。后来通过实验操作，一下子就弄懂了。她感叹道："看十遍书，不如做一次实验，难怪人们常说，百闻不如一见。"

在李文霞、黄斌两位老师耐心细致的讲解和严肃认真的现场操作指导下，使她原来狭窄的知识面一下子变得山高水长、海阔天空。

2013年9月，樊莹首次参赛就获得团体二等奖，自然提升了她的士气，胡家忠主任以出色的感召力和领导能力，给予参赛选手欣赏鼓励，使樊莹深受感动和鼓舞。

刚参加完省赛回来，又投入到如火如荼的招聘考试中，并以名列前茅的成绩，成功进入张家界市环境监测中心站。2014年春，樊莹沐浴着春节的喜气满面春风来报到，没想到被张家界市环境保护局捷足先登，把她要了过去，成为办公室主任覃峰的左臂右膀。她完全走进一个不同的世界，在办公室从事文秘及综合服务工作，与自己所学专业、从前的工作及人生理想相差甚远。

办公室这个岗位，看起来轻松，实际上像绚的头牛，只能在绳索长度范围以内转动，哪也去不了。常年四季在电脑前忙碌，屁股坐起泡、手指打起茧、眼睛看出血。她硬是把自己打字速度练得像钢琴家莫扎特的弹奏连音、跳音的手法，指尖轻舞飞扬，文字犹如瀑布般流淌而来，快速而连续，打字速度让人惊叹，活脱脱一个巾帼键盘侠。

办公室的工作很繁杂，就像做家务，没完没了，做完之后也看不出大的成绩。而且上班早，下班晚，工作时间长，每天就在20平方米内打转转，就像磨苞谷的石磨，永远转不出头，又好比大麦掉在乱麻里——忙无头绪，最关键的是离自己热爱的环境监测越来越远。为了不荒废自己的本行，樊莹学古人朱买臣负薪挂角，一边做好办公室工作，一边抽时间到实验室做各种监测分析。

市环保局和监测站都在同一栋楼，为了考六价铬、氨氮、氟化物资格证，樊莹有时间就到北头实验室做分析。本单位的人都知道，有事就到实验室找她，可是外来人员不知道。有次，有个人来办事。一看办公室没人，就打电话，当樊莹穿着白大褂从实验室出来，来人像河东狮吼咆哮道："上班时间，干什么去了？！"樊莹强忍委屈，连说对不起，帮来人把事情办完后，她怄得躲进厕所抱屈含冤地大哭一场，然后像没事人一样又忙开了。

就这样，她在办公室里忙忙碌碌，一晃过了6年，已经5年没参加省赛了，对自己的业务越来越生疏，她多次提出要回监测中心站做自己的本行，可局领导不同意，只能以服从安排而作罢。

"大道如青天，我独不得出。"樊莹有些沮丧，她渴望飞翔。既然回不去，她决心左右开弓，齐头并进。2019 年，受邱帅的鼓动，樊莹做出一个大胆举动，主动报名参加湖南省环境监测系统第十三届生态环境监测专业技术人员大比武。这一举动得到领导和同事们的极大支持，因为别人都害怕比赛，而樊莹"宁可枝头抱香死"，也不愿自己热心钟爱的专业吹落北风中。

报名后，她像发电机日夜轮轴转，当时办公室主任调走了，新任未到，办公室所有工作都压在樊莹肩上。她像海绵挤水一样，挤时间加强复习，通过集训后感觉到"书到用时方恨少，事非经过不知难"，才意识到当初报名是初生牛犊之勇。相较之下，与参加集训的同事有了很大差距，自己的业务正在逐渐滑坡，环境监测工作的知识太匮乏，有了"长出头角反怕狼"的危机感，此时不学，更待何时？

一切从头开始，从淘宝网上购买大学教材书，很快淘到《有机化学》《无机及分析化学》《仪器分析》《环境监测》4 本二手书。收到书才发现，这四本书竟然是陆博和刘跃成两位教授的书，她如获至宝，更有了"唯有读书高"的激情。

"自经罗网苦，益觉地天宽。"樊莹非常珍惜这次学习的机会。在家做起了甩手掌柜，把家务和一岁多的儿子都交给了双方父母去打理，眼里只有工作和学习，白天在办公室和实验室忙碌，晚上在家加班学习，工作学习两不误。

双休日全天都在实验室反复捣腾实验分析，把这些实验分析做得风轻云淡、日新月异。晚上一头扎进书堆，如痴如醉仿佛置身无人之境般钻研学习。她还养成了记笔记的习惯，她说："有人说过，要想做学问，就要多读、多抄、多写，除此之外，没有什么秘诀。历史上很多名人创造了'陶罐笔记、树叶笔记、腰带笔记、布袋笔记'等五花八门的笔记，只有通过记录，印象深刻，记得门清，方可流芳传世。"

经过两周的强化培训和两个月的业余补习，终于在 7 月下旬，樊莹走进了长沙环境保护职业技术学院的赛场。由于比赛时间长，加上天太热，樊莹用眼过度引发结膜炎，双眼肿得像桐子壳，她依然克服眼疾、强忍不适、坚持比赛，经过两天艰难的比拼，获得了个人三等奖、团体二等奖的佳绩。

"比赛获奖固然重要，但我不完全只为荣誉而战。通过比赛使自己得到历练和提高，比赛也是进步的过程，从中发现自己的短板和不足。比如 2020 年比赛有两道题目，一是视频判断题，看两遍，找出错误，写出正确过程；二是审报告改错，其中水监测标准引用错误。当时我一下就发现了问题，但写不出标准答案，记不清标准名称和标准号。对此，我回来后在书上查出答案，并写在笔记上，从此就记住了。"樊莹就是这样一个求真务实的态度做踏实工夫的实干家。

2020 年，对樊莹来说，既有"感时花溅泪"的惊喜，也有"恨别鸟惊心"的离愁，更有"燕子归来依旧忙"的艰辛。

喜事"忽如一夜春风来"，张家界市环境监测中心站，由湖南省生态环境监测厅垂改上收。2019 年 11 月 22 日，张家界市生态环境局领导班子管理权限交接暨"湖南省张家界生态环境监测中心"正式挂牌，几个月后，樊莹回到了令自己魂牵梦绕的仪器世界。

她回到湖南省张家界市生态环境监测中心后，被安排在监测分析技术科，承担氨氮、五日生化需氧量、土壤水分等项目分析，以及资产管理工作。她每天把自己关在实验室，专心致志从头学习无机化学、有机化学、仪器分析等专业知识。

这一年的春节，新冠疫情突发，像一只魔鬼的黑手，把人类推向痛苦的深渊，也使监测人的工作量比往年多得以数倍计。疫情防控要求对全市集中式饮用水水源地、地表水断面、污水处理厂下游地表水断面进行应急监测，还要完成国控、省控、市控断面水功能区断面水质监测，完成 61 项集中式饮用水断面监测，承担百多个断面几千瓶水样采测分析任务。正当樊莹每天忙得两眼发黑、精疲力竭的时候，4 月，本来患脑血栓中风已经几年的公公，恰在此时摔跤引发颅内出血住进了张家界市人民医院。公公的颅内出血刚控制住，又查出了肝癌，在医院受尽病痛折磨，四个月后灯枯油尽，最终撒手人寰。

　　一个月后，她还没有从公公病亡的痛苦中走出来，父亲又病倒了。因某种药物导致血小板陡减，父亲全身出现紫块，口腔出血泡，情况十分严重，在桑植县医院住院治疗半个月无效，她的同学知道后才打电话告诉樊莹。得知情况，樊莹心急如焚，一面是工作关键期，一面是亲人病重，真的令她难以取舍抉择。当时正在做疫情应急监测，分析室人少任务重，一人当两人用，一天做两天的事也忙不完，最终她放弃请假，打电话要求父亲立马转院到张家界市人民医院治疗。可父亲不愿意，樊莹哭求道："爸，您转过来吧，就当支持我的工作，好吗？"话说到父亲的痛处，他最怕影响女儿的工作，不再反对，在亲戚的帮助下来到市人民医院。当时情况很糟糕，需要输血抢救。她父亲是 A 型血，一时找不到血源，樊莹自己也血小板偏低，无法献血。于是找同事、同学，找亲戚朋友均无果，后来通过血站到处联系才找到。输血后，她父亲病情稍有好转，坚持不要樊莹照顾，让她不要耽误工作。后来的一段时间，樊莹利用中午、晚上为父亲送饭，尽一份孝心，多一点陪伴。作为独生女面对接连如此艰难的遭遇，樊莹感觉快要崩溃了。

　　丈夫是慈利县三合镇副镇长，离得远，根本顾不到家。两个老人连续住院，那段日子，樊莹几乎每天都是单位、医院、家里三头跑，既要照顾好医院的病人，又要关照好家里的孩子，单位的工作更不能丢，忙得如螃蟹过河——真的是鸡鸣而起、焦头烂额。

知女莫若父，她父亲虽和女儿一样备受煎熬，却还安慰她说，对不起，都是我们连累了你，但要相信，人生，总是在磨炼中成长，在消耗中坚强，在选择中蜕变，只要挺一挺，一切都会过去。父亲的话深深地感动了她、激励了她，她再次振作起来，投入到自己热爱的工作之中。

2021 年 11 月，樊莹调到质量管理科任副科长，承担资质认定、持证上岗考核、实验室质量控制、标准物质、易制毒易制爆危险化学品管理、资产管理，协助做好单位质量体系建设及运行的相关工作。

2022 年 7 月，樊莹幸运地参加了为期一个月的湖南省生态环境监测骨干班培训，学习现场、实验分析、质控理论和现场操作等课程，培训虽辛苦但收获颇丰，她还利用业余时间进行课题研讨并形成论文，通过了线上答辩，以优胜者的姿态凯旋而归。

2023 年 5—9 月，她接手整理《国家生态质量综合监测站申报书》材料。当时她正怀着二宝，克服了妊娠反应和压力，用了近半年完成了共 14 篇 398 页的审评答辩材料和综合站简介等补充材料。

更重要的是，回到监测岗位一双曾经荒废的手又慢慢地活络起来。2019—2023 年，樊莹连续 5 年参加省赛比武，但前几次比赛现场操作因六年在市局办公室工作，实验分析做得少，临场经验不足，这个环节分数拉了不少后腿。直到 2022 年第十六届湖南省生态环境监测专业技术人员大赛上，刚刚回到监测岗位两年，她就荣获二等奖，既展示了自己的基础实力，也表现出她无限的潜在能量。

十、越是艰险越向前

　　周渺峰，1967 年出生在娄底市娄星区，父亲在娄底市农业局工作退休，已故。母亲是桑植县小溪人，在桑植县民贸局退休。周渺峰从小和爷爷奶奶一起生活，1986 年在娄底市一中毕业，同年入伍到广西隆林县武警水电一总队五支队机关当后勤兵。部队在修建天生桥大型电站时，周渺峰负责后勤物资的管理工作，因工作出色，成绩斐然，于 1988 年加入中国共产党，1990 年复员，被安排在桑植县母亲所在的民贸局，在这里工作了 14 年。2004 年，张家界市环境保护局成立二级机构——张家界市生态环境监测站，周渺峰申请调动，幸运地成为监测站的一员，担任办公室主任兼出纳，还胜任最美志愿者司机。

　　他性格沉稳、从容淡泊、脚踏实地、坚守初心，像田野一样安静，像诗歌一样平和。拥有卓越的执行力和协调能力，他的亲和力与人格魅力，让人钦佩不已。

进入 21 世纪，国家经济高速发展，社会进步，人民富裕，各行各业欣欣向荣，掀起了轰轰烈烈的参观、考察学习热潮，因此接待任务十分繁重。全国环保部门的领导经常来张家界市生态环境监测站参观学习，因此办公室的工作十分繁忙，周渺峰这个办公室主任，也自然是相当的劳累辛苦。除了参加会议、写材料，还得花很多时间和精力迎来送往，为客人安排住宿、餐饮等事宜，双休日也很少休息，白天陪客人参观，晚上还在忙于把这个送上火车，那个送到机场，每当回到家已经筋疲力尽，累得沾枕头就睡。

当时张家界市生态环境监测站由吴文晖担任站长，全站只有周渺峰、高峰、樊玲凤、宋维彦、陈婧 5 名员工，主要负责张家界国家森林公园景区的空气、地表水、锣鼓塔污水处理厂的污水监测，为张家界国家森林公园管理处服务。由于景区没有住宿的地方，监测站的全体员工每天早出晚归，往返于市区与景区之间，周渺峰不仅负责办公室所有工作，更是整个生态环境监测站挑大梁的主心骨。整整三年，他像大哥一样照顾大家的生活，温暖着每个员工的心灵，坚持义务接送全站工作人员上下班，早上一个一个到家门口接，下班后一个一个送到家门口。

周渺峰也记不清，这条路，自己究竟来回跑了多少次。

但是老天似乎跟他开了个玩笑。

2005年6月18日，雨一直下。周渺峰驾车到市区绕行一圈，接上张家界市生态环境监测站所有上班人员，一车六人向张家界国家森林公园景区驶去。

连续多日的大雨，导致上山的路坑坑洼洼，虽然多次修补，但修完很快又变成坑……这样的反复，已成为常态，对于周渺峰来说，早已司空见惯。

由于当天大雨滂沱，雨刮器开到最高挡，视线仍然有些模糊。好在周渺峰对这条路走得很熟了，加之是"老驾"、技术娴熟，车子开得像模特走台步绕坑而行，慢慢开过沙堤村、沙田村、郝坪村、黄茅溪水库、两岔水库、板坪村后，来到马公亭。

在刚刚进入马公亭的第一个拐弯时，猝不及防，突然迎面冲出一辆农用车，相隔不到两米，周渺峰以闪电之速将方向盘猛然向右，车子一蹦，跳出路基，向草丛的那块巨石冲去；眼看就要撞到石头，出于本能反应，周渺峰握紧方向盘以子弹飞翔的时速向左一拐，同时一脚急刹车，车头与石头毫厘之差化险而过，车身横亘在石头前停了下来。而农用车却像置身事外的过客，已经大摇大摆地从路中央扬长而去。

周渺峰气得对着农用车的背影吼了一句："你师傅是牛魔王啊！"然后回头问车上其他人，"都没事吧？"大家被这瞬息之间的急刹车甩得东倒西歪，但都出奇地安静，听到周渺峰询问后，高峰伸出大拇指对着他："你这车技也太牛了吧，电影也不敢这样拍"。吴文晖、樊玲凤、宋维彦几个人，惊魂未定地说，人有惊无险，魂死里逃生，万幸没有酿成车祸，真是谢天谢地谢谢太上老君。

只有陈婧一脸哭相："哎呦，我的头，我的头上长'角'了！"大家一看，头顶左边真的鼓起鸡蛋大个包。高峰不失时机地开玩笑说道："老天偏爱你，让你多长坨肉！"说得陈婧哭笑不得。

周渺峰冒雨下车，围绕车子检查一遍，确认车子没有受损，这才回到车上，平复了自己的恐惧后怕感，一边庆幸自己在生死瞬间化险为夷，一边启动车子，将方向盘打向左，重新上路，风雨无阻地向锣鼓塔污水处理厂驶去。

当然，大山区的危险路段给这些环保人造成的危险，也不是一两次了，在周渺峰身上发生过第一次，就会发生第二次。

2006年1月，因到张家界景区的水绕四门去采测市控断面地表水样品，周渺峰和高峰开车前往。

冬季的张家界景区，寒风凛冽，灰蒙蒙的天下着毛毛冻雨，尽管他的车技高超，周缈峰也不敢大意。

当车辆行驶到武陵源景区协合乡龙尾巴村那个叫梓木岗的山顶单行道上，他突然觉得方向盘不听使唤了，车子轮胎上像擦了油，溜之滑之，如同喝醉了酒歪歪斜斜。周渺峰以为冲过这一路段就没事了，于是凭借胆大心细继续向前。这是个斜坡，车子完全不受控制摇头摆尾蛇行而进，开到山垭上，周渺峰才发现前方是下坡，路上已经冰封，闪着银光，如果直接开车冲下去，绝对刹不住，会直接掉下山崖，后果不堪设想。他赶紧刹车，车子几滑几溜终于在垭口的悬崖边停了下来。

周渺峰让高峰快下车找石头垫前轮。高峰下车一看，前车轮已倾向于下坡，更糟糕的是，右侧后车轮已经四分之一露在悬崖外，幸好车子停靠的地面后高前低，中心前倾，才不至于向后滑落。他惊出了一身冷汗，手忙脚乱找石头垫在前轮下。

这时周渺峰下车，车前车后看了看，然后吩咐高峰在后面盯着，他返回车上，开启发动机，握紧方向盘，慢慢地、慢慢地拧，车稍微向前移了点，然后将后轮一点点、一点点地向左转，向后退……

高峰站在后面紧张得每根汗毛都竖立起来，心脏快跳出喉咙，生怕车子向右滑落，下面可是万丈深渊。

在高峰的指挥下，周渺峰如同闯过鬼门关，终于将车退到路里面的安全地带，这让他有点儿后怕，但也有点小得意。

经历了这一险情后，他俩只得弃车步行。走上山垭，这里是风口，凶猛的北风，吹得好像猫喊春一样怪叫，把地上刮成寸把厚的油光凌，树木杂草都被冻成弯腰驼背的冰雕。半山腰以下没有冰冻，树木花草保持着本来面貌，真的是山上山下两重天。

　　过了山垭就是下坡，周渺峰和高峰只能依赖公路两边的草丛、石头的阻力向下移动，一步一步走得提心吊胆，就这样艰难地走过了第一道拐。接着顺公路左边沿一步一滑颤颤而行，不一会儿，他俩便走得热汗涔涔，眼看快到无冰区了，这里是最后一道险要路段，右边高坎左边陡坡。道路已被冰层覆盖，路边草丛变得夸大而透明。周渺峰走得有些急，在迈一块石头时，脚下一滑，"刺拉"一声滚下左边的坡地，可怜的灵魂冲出天灵盖在半空飞旋。周渺峰打了两个滚顺手抓住一棵小树，由于惯性的力度，小树太细加之被冻，一下被扯断，但下滑的速度减慢了，不再翻滚。高峰吓得大喊："下面有树，快、快抓住！"周渺峰连续几次抓枯藤死草，虽没停下，他将屁股着地，滑了三四米，下方刚好有两棵间隔不远的杉树，生死存亡在此一举，他眼疾脚快，叉开双腿两脚"啪嗒"蹬在杉树蔸上，总算停了下来。周渺峰终于将寒风中游弋的灵魂收回到自己的躯壳，看看上方站在公路边的高峰，然后扶着草根树蔸慢慢爬到路上。

　　来到没有冰冻的山弯里，他松了一口气，说自己为保护生态环境、保护大自然而修来的福分，换得这一刻的有惊无险，连老天也保佑他几次险中求生、逢凶化吉。

　　周渺峰和高峰冒着风雪，一行山高路险，在险象环生的艰难跋涉中做完采样，他俩又回到单位出现在实验室。

　　2007年3月，张家界市环境监测站、张家界市生态环境监测站、张家界市机动车尾气监测站三站合并为张家界市环境监测中心站。周渺峰从张家界森林公园景区撤了回来，仍然担任办公室主任，从此担子更重，责任更大，工作更忙。

　　2007年8月，南庄坪新办公楼落成，张家界市环境监测中心站要从位于子午路现在的张家界市发展和改革委员会后面搬到南庄坪张家界市环境保护局大楼办公。先不说搬家路程远近，那时没有搬家公司一说，从请车、请专家指导拆卸安装大型仪器，到办公桌椅板凳、电脑空调以及实验室的坛坛箱箱、瓶瓶罐罐，要求做到一个试管不损坏、一张宣纸不落下。周渺峰和十几个同事一道花了1个多月时间，每天冒着酷暑的炙烤，随车往返几趟，一件一件装车、卸车，一样一样搬进五楼各个办公室，然后摆放整齐规范、打扫干净。身上的衣服被汗水湿透，一天到晚干了又湿，湿了又干。每晚十一二点才回家，累得疲惫不堪，个中滋味只有躬亲劳动者自知，真的是"奋斗到毫无退路，拼搏到飞檐走壁，挑战到超越自我"。

　　当时张家界市环境监测站人少事多，周渺峰作为一名共产党员确实像一块砖，哪儿需要往哪儿搬。他不仅忙办公室一摊子事，还经常兼顾其他科室工作。

　　2009年，全市打响了对非法滥采镍钼矿行为进行集中整治的围歼战，张家界市生态环境监测站全员投入到这一紧张繁忙的工作之中。并分成多个小组，在全市各矿山上与矿工同吃同住，做监测、督察，及时了解镍钼矿对环境的污染情况，每天对水、土、气进行采样，掌握第一手资料，并严格监督矿场对开矿残渣进行填埋处理。周渺峰负责到桑植、慈利、永定、武陵源两区两县这些矿山监测点取样。这是一项有担当有责任的艰巨任务，务必保证样品在时效内踩点送达。

2009 年夏末的一天，周渺峰到慈利县金岩乡一座高山上去取样。这里是河南人开的矿场，环境监测站的田丰、高峰、李佩耕、周天强四人坚守在山上，每次取样还不忘为他们送来大米和荤菜，在山上为他们做一顿可口的饭菜。他开车在盘山路上行驶，看着眼前的道路如丝带般在山间缠绕，一边是陡峭的山岗，另一边是峡谷深渊，既紧张更要细心谨慎。

这是条运矿的简易临时砂石公路，越接近矿山道路越烂，坑坑洼洼的路面，犹如一段段不连贯的旋律，杂乱无章，让车轮在上面跳着踢踏舞前行。经两个多小时的颠簸行驶，到达金岩山矿场已是午时。

下车后，周渺峰忙着下厨做饭，用他最拿手的烹调手艺，做出一顿五星级的饭菜，让他们吃得撑肠拄腹。

当他们用完餐，已经下午三点多了，更让人没想到的是，老天翻脸正张罗着咆哮的雷电和狂风的怒吼，用倾盆大雨把天地间浇成一片黑幕。

无论天气再怎样恶劣，哪怕"下尖刀、滚火球"，周渺峰也得下山，因为他每周四上山，取的样品有时间限制不能耽搁。等到四点多，雨虽然变小了，但还在不停地下，周渺峰告别同事，驾着车冲进雨帘，向着来路归去。

车开过溪口镇，来到一处山坡下，透过雨雾，周渺峰发现前面的公路没了，被垮下来的半座山彻底掩埋。他赶紧下车察看，左看右看，就是没办法让车开过去。掩埋的路面起码有五十多米，而且这段路外面是悬崖，里边是峻岭，空手都走不过去，只能从别处的小路绕道而行。查明情况后，他准备打电话联系单位领导，另派车来接他，可手刚碰到口袋，心里"咯噔"一跳，坏了，手机呢？摸遍衣服口袋，没有。到车上寻了个遍，还是没有。有点断路的思维突然弹了一下，手机忘在矿山了。

他只得将车调头，开回溪口镇，将车寄存，借电话与单位取得联系，约好在公路塌方的另一头接他。几经折腾，这时天色已晚，他抬头看天，那场害人的雨早停了，一轮明月挂在山垭，天清气爽。

周渺峰扛起样品箱，按照当地人的指点，另辟蹊径，乘着月夜，呼吸着山野里带着湿意的新鲜空气，大踏步走向蜿蜒曲折的小路上。

绕行六七里，才能到达塌方的那一边。他穿过一片竹林后，斜穿到那条庄稼人出行的山路。因行人稀少，所以路面上杂草丛生，只是在路中心还有一线被人踩过的痕迹。只走一会儿，他的裤腿就被两边草叶上残留的雨水湿透。

月光照在树叶上，闪烁着微弱的银光。晚风阵阵，所有的叶子发出了"沙沙沙"低语，只有猫头鹰的叫声，营造出一种更加阴暗潮湿的恐怖气氛，这些声音非常响亮，渗进了他的灵魂里、骨头里。

路往前延伸到一个山湾里，月亮被高山遮挡看不见了。

周渺峰忽然感觉到脖颈后有些凉森森的，听到自己的脚步声特别响亮且沉重了起来。

他有些后悔不该独自走这段小路。同时他感觉到路两边的树林里藏着无数秘密，仿佛有无数双眼睛在监视着自己，并且感觉到背后有什么东西尾随着。他的脚步不知不觉地加快了。

走得越快越感到背后不安全。终于，他下意识地回过头去向后看。

他的身后当然什么也没有。

心想，世上本无事，庸人自扰之……

但依然浑身紧张、牙齿打战，儿时在家乡时听说过的鬼故事"连篇累牍"地涌进脑海：

一个人走夜路，突然听到前边有许多小孩的哭闹、嬉笑声，细细一看，只见到数条莲藕般的小腿在移动，没有上身，这是幼儿魂……

一个人走夜路，忽然看到一个白胡子老头飘浮着移动……

一个人走夜路，碰到一个人对他嘿嘿笑，仔细一看，是个女人，这女人手脚僵硬、披头散发、青面獠牙舌子伸得老长，这是"吊死鬼"……

周渺峰顿觉汗毛直立，浑身冷汗涔涔，牙齿得得地碰撞着，两股蛇一般的寒气从脚心直冲头顶。不知不觉间走到一片墓碑林立的坟场附近，坟场的左边，还有一堆隐隐发白的东西，仔细一瞧，是一座新坟，上面的花圈，像逝者的阴魂在夜幕下发出恐怖色彩。

周渺峰身上像被绳索捆住一样一阵紧过一阵。他想起老人的话，走夜路或遇到恐怖事，切忌逃跑，要有定力，哪怕妖魔鬼怪贴在你脸上，哪怕遇见群鬼起舞，只能轮睛鼓眼、横眉怒目而视，鬼都怕恶人，会被你怒旺旺的火焰吓跑，这叫一正压万邪。他高声唱起歌来：

共产党员时刻听从党召唤，

专拣重担挑在肩。

一心要砸碎千年铁锁链，

为人民开出（那）万代幸福泉。

明知征途有艰险，

越是艰险越向前。

任凭风云多变幻，

革命的智慧能胜天。

立下愚公移山志，

能破万重困难关。

……

歌声有点走调，有点颤抖，但好歹壮了自己的胆。他急速前行，绝不回头，恨不能生出千万条腿竞走狂奔。

逃离那片坟地，周渺峰有种脱离出地狱的轻松感，打起精神向前看去。这一看，坏了，那棵古树下，有个黑坨在动，先是拱起，接着黑坨慢慢地长高。这是何等怪物，竟然直立而起。与此同时，不知躲在哪棵树上的夜猫子一声凄厉怪叫，疹得周渺峰遍体长满鸡皮疙瘩，眉毛几扯，欸乃一声苦胆刺痛，但没破。周渺峰僵立原地不敢前行，僵持一会儿后，他听到黑影发出了声音："真倒霉！我这一跤摔得啊！"周渺峰的思维迅速作出判断，这是人不是鬼。他走近一看，是一个老人，互问中得知，他到亲戚家喝喜酒把自己灌醉了，等酒醒天黑了，走到这里不小心被绊倒了，重重地摔了一跤。

别过陌生路人，周渺峰自然是一路无事。回望来路，山是山来路是路，想起这一路的惊惧，感到自己十分愚蠢可笑，不过也依然心有余悸。

一路害怕，一路坚持，终于深夜11点到达约定地点，周渺峰将样品箱放进车后，有种如释重负的轻松感。当他们驱车回到张家界市环境监测中心站时，明月当空，撒下一片水银般的柔和光辉，实验室灯火通明，一派祥和璀璨景象。

周渺峰历经千辛万苦，山一程，水一程，雪一更，霜一天，二十年如一日不忘初心、牢记使命，不屈不挠、苦干实干，铸就了环保人的铁军精神。他崇尚生态平衡，山水至上，以心为灯，用大爱与担当，始终奋斗在第一线。他7次获省、市行业内嘉奖，5次获省、市行业内"优秀共产党员"称号，2次获张家界市委市政府"三等功"表彰，1次获湖南省生态环境厅授予"立大功"的殊荣，成为环境监测领域的行业名角。

十一、呕心沥血只为守护生态美

　　她能在包容中绽放，力量中回归，有一种禅定心灵的超脱气质。她脚踏实地，坚守初心，始终保持着朴素的本性，勤勉务实，不仅贤惠善良，知书达理，性格恬淡，更具有环保人的使命与担当。她从未怠慢过自己的职责和义务，用真诚和善良感染着周围的人。

　　她叫李文霞，1967年出生在山绿水碧、民风淳朴的永定区沅古坪镇。

　　为了强健体格，长大后她坚持瑜伽锻炼，由一个练习者晋升为瑜伽教练，从中感受到身心合一、与自然和谐共生的愉悦感。

　　1985年，朝气蓬勃的李文霞，端坐在高中课堂里，听着老师讲课，编织五彩斑斓的梦。这个梦就是想报考英语专业学校，将来做一名最美翻译官。有句话说得好，理想很丰满，现实很骨感。她想报考英语专业，首先遭到父母的极力反对，说学英语没出息，学好中文才是根本。

　　李文霞生母是老师，让李文霞受到了良好的教育熏陶，学习成绩一直优异，尤其以英语见长，初中部和高中部全年级英语考试，她每次都独占鳌头。高中英语预考全年级第一，文理分科时，由于偏科，数学成绩拖后腿，只能选择就读于长沙环保学院委培生，从此人生走进了另一番天地。

1988 年，李文霞走出校门，成为一名永定区环保局的环境监测员，在这个岗位一干就是 35 年。那时的环境监测仅限于简单的基本项目实验分析，项目虽不多，但工作条件艰苦，常年骑辆自行车辗转于鹭鸶湾氮肥厂、麻纺厂、机械厂，仙人溪磷肥厂、冶炼厂，白杨坡水泥厂，宝塔岗织布厂、麻纺厂，东门桥的猪鬃厂，南门口一带的造纸厂、人造板厂、肥皂厂、皮革厂等工厂的化粪池、废水排污口采样，把自己最美好的年华挥洒在日复一日、年复一年枯燥无味的监测实验中。

刚上班，李文霞就中了个"头彩"。那天，她偏腿跨上自行车，拐出一道弧线，按出一串清脆的铃声，英姿飒爽地向氮肥厂驶去。那时张家界市还叫大庸市，城市很小，自行车冲出东门桥就到了郊区的一条通往鹭鸶湾渡口的老公路，路面坑坑洼洼，车子过路辗出的灰尘把两边的草木染成了泥土的颜色。李文霞在这条路上把自行车骑出摇滚、街舞一般的跳跃感，不一会儿就到了氮肥厂，这个氮肥厂在鹭鸶湾下游。李文霞进入厂房，对造气、脱硫、压缩、变换、脱碳、合成、甲醇等车间的工艺流程逐个查看，然后检查废水排污口污染源，并做好详细记录。第一次下工厂，而且收获满满，她有点小得意，回来的路上车骑得信马由缰自我陶醉，当时的砂石公路坡陡路况差，在宝塔岗下坡时，李文霞鬼使神差错将前刹当后刹捏，"哐当"一跟斗栽倒在公路上，像一块木头彻底躺平。好在年轻人身体柔软有弹性，没有伤筋动骨，也没有头破血流，但手臂上被石头撕开两道寸把长的口子，血流如注，她爬起来用汗巾缠好，忍痛骑车继续前行。

回到单位，她在伤口上涂了些红药水，又骑上自行车到下一个工厂考察采样。俗话说，苦人自有天照顾。伤口不红不肿不闹事，在她的忙碌中好了起来，半个月后，手臂上留下一个美唇样的图案，为她的青春打上了永久的烙印。

1991年，永定区环保局下辖的尾气监测站成立，需要一名监测员。这是个危害身体健康的活，李文霞已有身孕，但她没有犹豫，接受任务知难而上。每天挺着大肚子、提着尾气监测仪，跟着交警早出晚归，战严寒斗酷暑，风里来雨里去，无论大车小车还是长车短车，不管豪车名流还是农用拖拉机，无一逃脱得出她闪耀着责任光芒的火眼金睛。

转眼到了2000年，李文霞所在的尾气监测站上收到张家界市环境保护局，她也随之调到了张家界市环境监测站，开始了正式而漫长的监测实验。

平时，李文霞做溶解氮、五日生化需氧量、硝酸盐等基础实验，对有时效性的样品，采样回来随到随做。李文霞通常在实验室超负荷运转，孤独与坚持，成就了她过人的韧性与气质。当初她没有经过前处理的学习培训，加上实验室通风和各种安全设施尚不完善。硝酸、氢氟酸、高氯酸等药物加热时，浓烟滚滚，十分难受。更糟的是，加热后的聚乙烯高温杯，没有夹子夹，戴上两层布手套直接抓。有次，她像往常一样伸手一抓，坏了，氢氟酸热气冲天，可怜她的手被烧伤了，疼痛难忍。省里要求监测数据在规定时间里上报，李文霞忍着灼痛，赶紧去消防队买来药，涂上之后继续工作，直到凌晨两点，终于完成。回到家，手伤以加倍的疼痛折腾得她通宵难眠，第二天她照样上班做实验，痴心不改继续前行。

吃一堑，长一智。再做实验时，李文霞用竹片做夹子，但不好使，一夹一滑，导致样杯倾斜，几个小时的工作前功尽弃，为这事她有点伤脑筋，更是念念不忘。有次在超市买菜，看到夹菜的不锈钢夹子，突然眼睛一亮，"就是它了！"从此以后，这夹子在实验室沿用至今。

2005 年，湖南省环境保护厅支持资金购买了一台进口原子吸收光谱仪。为了尽快掌握操作技术，李文霞满怀信心，到湖南省环境监测中心学习半个月，回来后理论与实际相撞，才发现仪器型号不一样，不敢贸然操作。

开弓没有回头箭。经打听，张家界全市唯独吉首大学有一台相同的原子吸收光谱仪。李文霞通过朋友联系找到吉首大学黄教授，拜她为师学习一小时就知道怎样配标做样了。

学会了操作仪器配标做样知识的李文霞，走进实验室，顿感眼前柳暗花明，一片光明。对新设备充满了热情和兴奋，全身心投入工作。这台仪器标识是全英文的，对她这个曾经的英语特长生来说，终于有了用武之地，不费多大周折就可以操作自如。

不过碰到仪器出故障就会有点棘手，找厂家维修不仅维修费不菲，还会耽搁不少时间，有些有时效性的样品不能等。李文霞心想，求人不如求己。雾化器堵了拆下来疏通，燃烧头经常清理，几十斤的乙炔和氩气瓶，哪怕"俩爷儿一般高"，也像抱孩子一样搬来搬去。她的不懈努力和刻苦钻研，练出了一身真本事，实验分析做得就像太上老君炼丹——炉火纯青。在半年时间内成功开发出铜、铅、锌、镉、铬、铁、锰等11个项目，填补了张家界市环保监测系统重金属分析技术的空白，为后来人拓展重金属项目铺好了路基。

在一个领域要想脱颖而出成为其中的佼佼者，把工作做得更好，一定要付出比别人更多的努力才行。她潜心研究重金属项目监测分析，常常在实验室里持续工作十几个小时，与仪器相依相伴，日夜共度，节假日也不休息，用青春和热血奋斗不止。

平时爱美的李文霞退去红妆穿上白大褂，化身"女汉子"，因为长期接触强酸强碱及挥发性有机物，原本细腻光滑的纤纤玉指，被硫酸、硝酸浸蚀成咖啡色，像树枝做成的小耙子。

她用这双"小耙子"，在传授徒弟们分析技术创新上取得了两个突出成果：

一是都说做高盐废水消解较难把握，温度低了耽搁时间，温度高了起泡往外冒，导致浓度不达标，实验失败必须重做。为解决这一难题，她在无数次的实验后，发明了用小漏斗防止废水溅出，确保了实验结果的真实浓度，解决了高盐废水难消解的难题。

二是在土壤消解技术上采用全消解法，解决了原来土壤消解耗时长、难消解的问题。这是她多年来经过上千个土壤样品实验，屡试屡败，屡败屡试，但她专心致志，最终总结出时效性好、消解样品完全、用酸量少、精密度和准确度达到5%以内的土壤消解法。2013年，张家界市环境监测中心站运用此分析法在"湖南省土壤环境监测职工技能竞赛"中分别取得个人、团体二等奖的优异成绩。

困难与折磨对于人来说，是一把打向坯料的锤，打掉的是脆弱的铁屑，锻成的将是锋利的钢刀。

2008年夏，全国土壤专项大调查，近300个样品及5个项目的前处理及仪器分析，当时站里没有培训第二分析人。李文霞把自己关在实验室，整整两个多月没休息，没按时吃过一次午饭，晚上都是丈夫做好饭送到实验室。李文霞每天加班到深夜11点多，忙得昏天黑地、日月无光。双休日也不休息，孩子、家务无暇顾及，全由丈夫包揽。每天承担做饭、洗衣服、接送孩子的烦琐家务，甘当妻子的坚实依靠，从而使李文霞心无旁骛地认真钻研，用娴熟过硬的技术，闯过一个又一个难关，完成一项又一项艰巨任务。

李文霞说："干一行，爱一行，而且要干好这一行。"她这样说更是这样做，她与实验室同甘共苦几十个春秋，与原子吸收光谱仪相濡以沫走过十多年，把仪器设备当成自己的孩子一样爱护。当调试原子吸收仪、换石墨管的针时，小心谨慎地将上下左右对齐，生怕针杆歪变形，造成浪费和损失。为了万无一失，李文霞买来牙科口镜、小镊子等小工具。用牙科口镜开阔视野，用小镊子辅助换针以防错位。每次做完实验，用纯净水将仪器清洗五分钟，以此来延长仪器的寿命、减少故障、降低成本。她说："百多万的仪器，不爱惜着用，对不起领导和自己的良心。做实验要干净整齐、严谨规范，下次启用时，方便省事又提高工作效率。"如此全心全意爱惜仪器的公德心，正是对"静以修身，俭以养德"的最好诠释，也是艰苦奋斗、勤俭节约的传统美德的完美体现。

2008年春，执法支队招考公务员，李文霞完全有实力争取这个让人艳羡的光鲜身份，可她当时担心换个新手不懂仪器性能而损坏设备，宁舍公务员身份也不离开心爱之物，就这样，她留下了，以生命的名义，爱惜自己的监测工作，以最朴实的善良美德和一个环保人的职业情操守护着这个平凡而艰辛的岗位。

2009 年，李文霞被提升为监测分析室主任，肩负着这个重任，经历了从手工监测到仪器测试的艰苦打拼。除了原子吸收分析技术监测水、土壤以及大气悬浮颗粒物重金属项目外，还深入到地表水、废水中的石油类、动植物油的监测分析，为水、土壤、大气环境影响评价提供了可靠的数据。

可是，实验分析经常不是一蹴而就的，以定溶为例，稀释和浓缩都需要计算和对样品进行仔细分析，稀释倍数大了就会使浓度偏低，分析不出元素的含量，只能重新做。如果样品浓度高，就要重新取样减少取样量，总之，实验分析是个考验耐心和定力的细致活，容不得丝毫闪失和敷衍。

随着社会生产力和科学技术的飞速发展，和其他行业领域一样，现在生态环境监测领域的很多项目都已实现自动监测。比如石油类监测分析技术，用红外分外光度法监测废水，用紫外分光光度法监测地表水，大气自动站对空气中的很多项目都改用自动监测，不仅省时省力还方便，大大提高了工作效率。

一个人力量越大，责任也就越大。

　　2011 年，全国大规模的污染大调查的战斗打响了，作为实验分析室主任，李文霞一马当先投入战斗。在一次实验中，她第一发现镉浓度超标 60 倍，深感震惊，以为自己的实验有问题，赶紧做了第二次，结果还是如此。这事非同小可，数据一旦上报，必须担责，为此，她决定到现场亲自采样，定要查明原因才放心。

　　该实验样品来自冶炼厂旧址。冶炼厂在仙人溪出口的山坡下，属官黎坪办事处管辖。

　　这是个秋天的清晨，李文霞和现场科田丰携带采样工具，驱车来到仙人溪。下车后，两人走进已废弃二十多年的冶炼厂旧址。这里只有杂草藤蔓和一堆小山似的矿渣，昔日的繁华早已荡然无存。李文霞钻进草丛围绕"小山"查看一番，然后从周围远近不同距离的多个点位挖出五六包泥土，宝贝似的装进袋子。一切办妥后，两人忙着往回走。

　　两人从废墟上拐下后，在经过一片民房时，冷不丁跳出两条狗，龇牙咧嘴狂叫着冲了过来。李文霞正低头沉思着做实验的事，猝不及防被惊得一个趔趄，身子一偏滚落坎下。田丰挥舞着手上的锄头迎战两条来狗，还没反应过来，李文霞已掉在下面一棵树杈上。

　　当李文霞回过神才发现，这棵树横长在半坎上，离上面足有两米多，离下面更高，而且树下是溜石坡，真是上不着天下不沾地，但她庆幸老天保佑自己没有掉在溜石坡上摔成肉饼。

她这样想的时候，田丰已吓得魂不附体，不知所措。倒是卡在树上的李文霞冷静地开口了："田丰，快点找根绳子把我拉上去呀！"

一语惊醒，田丰赶紧向狗的主人家求救，找来绳索和男主人，将绳子一头放下，李文霞将绳子在自己腰上捆牢，然后双手抓紧绳子，田丰和狗的主人一起用力，慢慢地将她拽了上来。

李文霞上来后，伸伸胳膊蹬蹬腿，扭扭腰身歪歪头，还做了个"三角式"瑜伽拉伸动作，确信自己完好无损，兴奋地说："这是大自然为我设立的生死大考题，检验我是不是一位合格监测员，不过我已经顺利通过了"。一番话，田丰闻言松了一口气，问道："李姐，你真的没事吧？""没事，走，回实验室！"她轻松地回答着，转身向前走去。

回到实验室，她一门心事忙着做实验，接连做了两次，其结果还是和前两次一样。现场查看和实验结果终于找到了原因：冶炼厂废弃的矿渣，经多年的雨水冲洗，那些矿元素随水流失，渗透到附近的土壤、水源中，从而导致镉超标。她坚信自己的实验数据是准确的，压在心里的石头落地了，那天晚上睡了个踏实安稳觉。

同年秋天，全省污染大排查开始了，对敏感污染源反复进行核查和分析。那天，站长胡家忠亲自带队，高峰开车，李文霞和田丰、樊玲凤五人坐了几个小时的车，到达慈利县高桥镇，下车后，翻岭过界、爬山涉涧步行大半天。沿途挖镍钼矿遍地开花，造成山体千疮百孔，矿洞窟窿相互交错，洞溪乡大浒区、枧潭溪附近村镇的地上镍钼矿废渣遍地。他们从这些矿渣上走过，走得脚板起泡腿变细，临近黄昏才找到枧潭村那个峡谷里的污染源头。

一眼看去，枧潭溪的水底一片橙红，像铺了一层金毯，水一搅动，粉末四起，随水而动。别看这些粉末长得漂亮，但它就是镍钼矿繁衍出来的镉源衣钵，足可以让水土受到严重污染。当地老百姓反映，水里鱼虾都死绝了，吃水要到几公里外的山上用管子取山泉。

眼看天色将晚，大家各司其职，采好水样准备返程。为了赶时间，李文霞有些心急，抄近道从杂木草丛里穿插，不小心撞进马蜂窝，"嗡"飞出一团蜂群，她还没反应过来，脖子上就中了一"箭"。这一箭不偏不歪，正好蜇在后颈的哑穴上，一下丧失了语言能力，擦防蚊虫叮咬的药也不见效，脖子肿得像风箱筒，"啊、啊、啊"话也说不出，痛得头晕目眩。吓得领导和同事连夜送她去医院，李文霞坚持回家找儿时为自己治病的乡下郎中。

回家后她养父立即拨通了郎中的电话。郎中说，只需将甘草放嘴里嚼烂涂到患处，一会儿就好！

李文霞如法炮制，真有立竿见影的神效，语言失而复得，有种死里逃生的兴奋。

　　翌日，她在实验室忙活了一天，完成了样品分析，为上级及时提供了有效可靠的监测数据。

　　对于镍钼矿导致的严重污染，政府采取了全面有效的整改措施：大力处置历史遗留废渣，进行生态修复，建设废水处理站，收集处理矿洞废水、废渣渗漏液，建设污泥填埋场，用于处置废水处理站产生的污泥。对所有遗留矿渣进行了封闭式填埋，主动关停和淘汰了两百多家大小企业。直到 2020 年，张家界市人民政府印发了《张家界市人民政府关于实施"三线一单"环境分区管控的意见》，严禁高污染、高能耗的企业入驻，严格控制开采行业及化工等高污染行业的准入和发展。通过一系列综合治理，矿区历史遗留废渣得到有效管控，修复了一块又一块的"地球伤疤"，生态植被逐步恢复，让昔日的满目疮痍、废水肆流，变成了天蓝水清，恢复了盎然生机，生态文明建设开花结果，让绿水青山成为人们幸福生活的源泉。

　　"试玉要烧三日满，辨才须待七年期"。作为实验分析室主任，李文霞以培养行业精英为己任，对每个监测员细心呵护，每天像慈母一样，时刻强调安全意识，并指出，在实验室做事，要吃得苦、耐得烦、静得下心，守得住寂寞，才是一名合格的监测人。对实验分析的每个步骤要点，她动手做，徒弟看。然后徒弟做，她在边上看，发现问题及时指正。她说："不同的土壤用不同的消解方法，不能千篇一律死搬硬套，要根据不同的情况来增减各种酸的用量。比如铁、锰含量高，就少取样，正常酸自己判断。稀释越多，准确度偏低都得重新做。另外，如果硅酸盐含量高，就多加一次氢氟酸，那么就得多做实验。出现颗粒状、杂质状均为不达标，要做到透明黏糊状方可，有时反复多次才成功。在没定溶之前，没消解完全的可以继续消解，加 1% 的硝酸定溶即可……"

她苦口婆心，因势利导、因材施教，毫无保留地传授技术，不怕徒弟超过自己，只希望每个徒弟都青出于蓝而胜于蓝。师高弟子强，李文霞像一束光照亮着徒弟们的世界，先后带出三位优秀人才，特别是黄斌，不仅是她的"衣钵"传人，很快就成为挑大梁的技术能手，最终成为无限荣光的党的十九大代表。

李文霞这位环保监测技术出类拔萃的带头人，教徒弟是把好手，当裁判也相当有水平，她连续五年担任省赛裁判。

2021 年夏，湖南省第十四届环境监测职工职业技能大赛，从各地市（州）抽调一人当裁判。她身为高级工程师，以严守法律法规、品德优秀、精通专业、学术斐然的高标准资历站在了裁判席上。

李文霞是一位与众不同的父母裁判，因为她在实验室工作三十多年，深深体会到实验人的艰辛和不易，所以她对监测员多了一份疼爱和怜悯之心。临上考场前，她特意带了一些驱蚊防暑、防烫伤划伤的药物，以备不时之需。

每场比赛都是一场极大的挑战，从早上七点半到晚上七点半，裁判不得离场。参赛者辛苦，但裁判更辛苦。比赛分上午和下午两场，裁判要全天跟场。

走进考场，她发现很多初次参赛的选手紧张得手脚发抖，不由想起自己那次惨痛的比赛经历：第一次参赛，因不懂，在分液漏斗磨口擦些凡士林，以为好拆卸些。可谁知就是这该死的凡士林，导致相关系数不达标。她当即心碎一地，失声痛哭，所有的付出都化为泡影。

就在这时，有人"哎哟"一声，把她从回忆中拉回现实，那位来自郴州的监测员，不慎被玻璃瓶划破手指，鲜血直流，李文霞立即上去为她用创可贴包扎好，让她顺利地完成实验比赛。

第二天下午，来自永州的参赛小伙，因过度紧张，转身时手肘一绊，试管全部摔地破碎，吓得脸色苍白。李文霞没有责怪他，而是和颜悦色、轻言细语地说："没事儿，就当给大家提神醒脑"。一句话让这位选手会心一笑，从中得到安慰和鼓励，也重拾自信和勇气。

磨刀石牺牲自己，把锋利赠给宝剑。李文霞就是这样一块磨刀石，大半生在与仪器、药品打交道，沉浸在实验室的十万个为什么里绞尽脑汁：原子吸收光谱法的原理是什么？怎样将土壤样品省时少酸而消解完全？样品监测分析中为什么要做各种空白实验？如何制备一系列已知浓度的分析元素的校正溶液……但对父母和家人却亏欠太多，连陪伴都成为奢侈，更是忽略了孩子的生活与学习，致使儿子高考失利，此事成了她终身愧疚和遗憾。

在李文霞的人生岁月中，呕心沥血 35 年，把自己最旺盛的年华交给了实验室，也因此连年获得省市嘉奖、先进个人，还以卓越成就站上国家环境监测"三五人才"技术骨干领奖台。从她身上，我们看到了中国最典型的能干的环保人们的缩影，凭借"吃苦耐劳"这四个字，他们这一代人奠定了中国环境保护的基石。

十二、没齿难忘的山乡经历

　　大雨，持续的大雨冲刷着淋溪河，也冲刷着进出淋溪河村的公路。

　　6月的一天，田丰、李佩耕、唐志勇、龚黎明、罗琼五人在王立新的带领下，前往淋溪河白族乡水电站工程地做环境影响评价。到达后，大家各负其责、各尽所能，快马加鞭地忙了一个星期，总算圆满完工。当天晚饭时，田丰神经膨胀、激情暴发，又开始了他的冷幽默："同志们！有个好消息，你们想不想听？"

　　"什么好消息，快说！"

　　就在其他人一本正经伸着脑袋以为真有什么特大喜讯时，只听他一字一句地说："明天可以'衣锦还乡，荣归故里'啦！"说完，哈哈大笑。

　　龚黎明和罗琼发现上当，左右开弓，顺手将桌上一碟辣椒油和一碟蒜泥倒进他碗里。

田丰不愠不恼，反而更加来劲，学着电视剧《三国演义》中的一代枭雄曹孟德的一脸坏笑，打起拱手礼，说："本夫这厢有礼，谢谢二乔！"话音未落，一阵雨点般的花拳绣腿落在他身上。其他人笑得差点喷饭，王立新看着他们，心情愉悦，仿佛时间在这一刻都停下了脚步。

晚饭后各自收拾东西，做足了第二天返程的准备。可有时真是人算不如天算。没成想，一夜"天公怒吼泣云霄，急骤漫天泻浪潮"的狂风暴雨引发山洪，出山的公路多处垮塌，其中一处垮掉了三四十米，导致交通中断，更为危急的是，连续一个星期的强降雨，一行人住宿的客栈的生活物资出现了严重紧缺，老板只得走东家奔西家张罗食材，维持一日三餐。

雨还在下，没有停下来的迹象。眼下正是洪水期，不知要下到什么时候。时间就是效益，不能再耽搁了，大家商量后，决定"弃车"走路，挑仪器出山。

淋溪河白族乡，地处桑植县北部，东临长潭坪乡，南接官地坪镇、马合口白族乡、芙蓉桥白族乡，西抵大星山林场，北以溇水为界，与湖北省鹤峰县铁炉白族乡、走马镇隔河相望。这里偏僻路远，离张家界市区173公里，负责带队的王立新副站长与桑植县环境监测站联系，请他们派车到没塌方的地带接应他们一行人。

虽说做好了一切准备，但抬仪器、挑工具冒雨赶路，且前路险情未知，还是颇具风险和挑战性的。

吃过早餐，六人身穿雨衣，挑的挑，抬的抬，背的背，从淋溪河白族乡淋溪河村出发，田丰和唐志勇两人负责抬六七十斤的仪器，李佩耕负责挑工具箱，龚黎明和罗琼则负责背行李，而王立新除了背行李，还要像保镖一样鞍前马后地照应，以防万一。

雨，就像追光灯一样追着他们下。一路风雨，他们磕磕绊绊，心惊胆战，他们沿着盘山公路前行，时而置身于云端，时而步入峡谷。高山公路的险峻既让人感到敬畏也使人感到不安，曲折的路段、陡峭的山坡或竖立的石壁，极易出现滑坡或滚石，需要格外小心，这是一段艰苦又危险的行程。

走到那段已垮掉三四十米的公路边，大家都傻眼了。这公路垮得太不近人情了，竟然贴着石壁垮得寸路不剩，路下方是嶙峋的悬崖峡谷，要想过去，除非插翅而飞，六个人只能站在雨中望来路而兴叹！

这时，田丰放下担子，东寻西看，他敏锐地发现，石壁上方已经有人踩出了一条临时小路，虽然可以走过去，但极其险峻，对于负重前行者来说，如何迈过这个"坎"是一次极大的考验。

田丰说："这路太危险，我在前面探路，主要是脚下踩稳，不要滑倒。"说完，他和唐志勇抬起仪器开始攀爬，大家像逃荒的难民一样跟着他向上攀登。田丰人高腿长，抬着六七十斤的仪器，一手扶扁担一手分开拦路的树枝草蔓，一会儿绕开大石桩，一会儿躲避荆棘丛，像努比亚羱羊似的一纵一纵向前挺进。唐志勇在后面随着他的节奏，手扶仪器小心跟进。

李佩耕挑着工具和杂物，深一脚浅一脚走得像打醉拳一样东倒西歪，但还是默默坚持。龚黎明和罗琼走在后面，一步三摇，三步一晃像探戈舞者，险中求稳。这段山路虽然才两百来米，但天上下着大雨，路两边草缠树绊，大家鞋子、裤子全湿透了。当他们摸爬过这段险路下到公路上，老天就像是故意发难一样，一阵强似一阵地下着暴雨，像是想要吞噬整个世界。

他们打起精神继续前进，刚走出半里地，只听一声巨响，让所有人惊呆了，顿时天旋地转，以为地震了，抬仪器走在前面的田丰转身大喊"快跑！"所有人没命似的转身狂奔，巨大的滑坡夹杂着泥石直冲而下。田丰本可以扔掉仪器逃得更快，但他不能扔，关键时刻，无不折射出田丰永葆军人本色、忠诚履职担当的初心，他将仪器和唐志勇奋力一推，而他自己被冲下的一棵树梢扫向公路外。路外是令人头皮发麻的危崖峭壁，危崖下是咆哮如雷的淋溪河洪峰，掉下去必定是泥牛入海——有去无回。

田丰不愧是武警部队锤炼出来的英雄健儿，面对突发事件，他的机智和勇敢发挥到了极致。他眼疾手快，犹如猛虎跳涧飞身一跃，稳稳地跃上坎沿边一棵老樟树的树丫上。

这时，其他五人定下神来，发现田丰不见了，一种莫名的、巨大的、前所未有的像闯入宇宙黑洞般的恐惧感胀满了全身的每一个细胞，各种最坏的情形充斥了大脑。一起冲到垮下的山包边大喊："田丰、田丰，快出来啊！"以为田丰被泥石埋了。

唐志勇丢魂似的冲向那堆山包，一边没命地刨一边拖着哭腔喊着："田丰，你出来啊……"接着，五人同时向山包发起进攻，疯狂地抠、刨、抓。

田丰看到同事们的举动，一阵欣慰的感动，但他那顽皮幽默的天性从骨子里爆发出来，捏住鼻子发出怪叫："俺老孙有七十二条命，岂能就此挂了？"说完，扒开树叶，伸出脑袋，来了个孙悟空的"反手眺望"动作。

当五人看到田丰神出鬼没般出现在樟树上，又惊又喜，又哭又笑，五人几乎同时喊出："田丰，你想把我们吓死啊！"

田丰从树上下来，一行人重振旗鼓继续赶路，费了好大一番劲，从刚垮下的乱石泥土上翻过，拖着满身泥水向着来路快速前进，因为接他们的车辆在最后一个塌方点候着，离他们还有四五里。

六人看到接他们的车辆如同见到大救星，可司机见到他们，简直不敢相信自己的眼睛，全身泥浆，满身划伤血迹，这哪是什么实验监测人，分明是从秦始皇陵逃出来的兵马俑。当看清一行人的面貌确信就是他要接送的对象时，赶紧打开车门，说："天啦，真的是你们，辛苦辛苦，请快上车！"但他们六人觉得自己实在狼狈不堪，怕弄脏了车，顺便到路边找草擦。可司机将他们果断地推上车，并说："比起你们吃的苦受的罪，我多洗次车算得了什么？快上车吧！"

或许是老天被这群为张家界百姓的环保监测事业冒死出行的举动而感动，连续多日的大暴雨竟然慢慢小了，停了，第二天竟然露出了久违的大太阳。

"这是 2007 年，我刚上班就遇上的可怕经历，至今想起，仍旧让人热血沸腾。"田丰说起这段往事时，激动得一下站了起来。

在采访交谈中，他偶尔会透出与众不同的感悟和漫不经心的幽默，从而让人体会到他的睿智和豁达。一连串的过往轶事从他口中接连不断而出。

2010 年夏，一个阳光毒辣的日子，太阳晒得大地热气升腾，仿佛要将一切生命都消磨在这无尽的炎热之中。田丰和现场科主任张清泉前往桑植县瑞塔铺老水泥厂做烟气采样，同时有省、市、县三级领导前来张家界市环境监测中心站检查工作。

这是个老式立窑水泥厂，多处墙体砖石脱落，已经残破不堪，新水泥厂正在修建，老厂只是暂时还在生产。四五十米高的烟囱口缭绕着大股浓烟，犹如一条穿云破雾的长龙。

圆圆的烟囱上有一架没有扶手的裸梯，上面锈迹斑驳，轻轻一碰，那些咖啡色的氧化物便纷纷掉落，散发出特有的历史气息。

现场查看后，多数领导觉得这个烟囱梯子锈蚀严重，为了安全起见，建议取消这次采样。水泥厂领导也说不能上去，万一弄出点事来，如何交代。但是田丰、张清泉二人觉得既然已经来到现场，不做采样就收兵，岂不是浪费了这次大规模检查。个别领导也提出试试看的想法，或许这位领导是想考验一线环保监测人的真实本事。

在这种情况下，张清泉二话没说向烟囱走去，站在旁边的田丰，一把拉住他，说："我上去，你有家有孩子，我单身没有后顾之忧，加上年轻体质好，万一摔伤，恢复也快！"但他心里在想的却是，火车不是推的，牛皮不是吹的，纵是浮云蔽天日，我亦拔剑破长空，今天不来点厉害的，你们就不知道花儿为什么这样红。

背上工具包，头也不回地爬上了梯子。

这位在部队熔炉里锻造过的有志青年，体能、技巧、智慧都出类拔萃。但田丰非常清楚，今天面临的是一场生死挑战。他小心谨慎，每攀一步都会使劲扳一下钢筋梯子，看是否牢固，然后再踩上去，以此排除安全隐患。但田丰攀到三分之一高处时，他担心的事还是发生了。

伸手一扳，果不其然，"咔嚓"一声梯桄断了。下面人吓得大喊，别上了，快下来！田丰充耳不闻，只见他甩开驼鸟般的长腿，一下跨两梯，继续上攀。

眼看就要攀上监测台了，又是"咔嚓"一声，他双手抓在两边粗大的钢筋直柱上，身子腾空像猩猩吊在梯子中间。这次不是扳断的，而是他的体重压断了一根锈坏的梯桄。尽管田丰机智警惕，有足够的心理准备，但这一下还是让他吓出了一身冷汗。幸好他双手抓得牢才没掉下去，接着顺势一个引体向上，将身子翻了上去。

张清泉吓得一屁股坐地上不敢直视，等他平静后再看时，田丰已经站在监测台上抛下绳子，示意他捆绑监测仪，尽快吊上去。

当田丰踏破艰难险阻做完这次烟气采样，一身墨黑下到地面，那些观看的人都围过来关心他、夸他，唯有那位领导等了片刻才走过来握住田丰的手，深表歉意地说："小田同志，对不起，让你受惊了，辛苦辛苦！你让我看到了环保监测人的铁军气魄。"

狄更斯说过："我所收获的，是我种下的。"2014年，田丰以自己熟练的业务技艺和特有的工作魄力荣升为现场科科长。随着社会的发展和时代的进步，环境监测越来越规范，要求越来越严格，涉及面越来越广泛，任务越来越繁重，工作越来越艰巨。还有全站各科室需要经常到省里开会学习培训，机构大人员多的站不会影响工作，但对

21 人的小站来说，人少事多的矛盾日益显现。

目前环保监测有土壤、水、大气、生物多样性监测任务。土壤监测以前由国土部门做，从 2007 年开始划归生态环境部门的环境监测机构来做，仅土壤采样点就有两百多个。其中还有每年一次的国、省级的土壤采样监测，每次至少需要半个多月时间。水采样也不像以前，打几桶水就可以监测，现在有多种软件控制，必须规范达标。事越来越繁杂，人仍然还是那几个人，现场科只有三人，纵有三头六臂，也难免分身乏术，经常忙得目不暇接、夙兴夜寐。

因而，我们必须练出更高更硬更强大的环保监测本领，来迎战新时代赋予的伟大挑战。

张家界因奇山秀水而闻名于世，各种交通设施也随着旅游业的兴旺发达而日趋便捷。1978 年通了火车；1994 年有了全国为数不多的城中机场；2019 年年底，高铁站落户张家界，使这个曾经闭塞落后的小山城变得无比热闹。随之而来的各种环境监测工作量也越来越大，便有了数火车、测飞机噪声的另一番滋味。

华灯初上，星空之下，热恋中的俊男靓女牵手散步，卿卿我我享受爱情时光。而田丰和周渺峰、高峰、黄斌、梁鑫等，清一色的小子后生，窝在火车南站黄金塔铁路边，像猫捉老鼠般盯着来往的火车，记录每天、每晚多少车次，是客车还是货车，每列火车有多少节。巨龙般的火车驰来时，他们目不转睛地盯着车厢：一节、两节、三节……客车一般16到18节，货车一般56节。一声声尖利的汽笛，震得噪声测试仪发出72分贝的"黄牌警告"，客车上淋漓下的中外游客粪便挥发着难闻的臭气……

在天门小学教学楼楼顶测飞机噪声，飞机从头顶飞过，轰隆隆，如同炸雷滚动，震耳欲聋，教学楼在颤抖，噪声测试仪像飞机起飞一样冲到半天云里，80分贝。有天晚上，田丰正下楼去上厕所，刚好飞机起飞，突然一响炸响，惊得他一脚踏空倒在楼梯上。通往楼顶的楼梯较陡，危急关头他一个"抓窗望月"揪住扶栏，再一个鲤鱼打挺站了起来，硬是没让自己滚下去，否则非残即伤。

2020年仲夏的一天早晨，迎着初升的朝阳，监测站的"四大金刚"：田丰、梁鑫、陈奇浪、胡浪，走进桑植县瑞塔铺镇黄泥垭村去做土壤采样。四人下车后沿着山道前行，湘西的山，充满了原始与自然之美，鸟鸣相伴，茂林相随，满山碧翠，云雾缭绕，感受着清风拂面的惬意。

九曲八弯走到原老水泥厂一栋废弃屋前，猛然，三只牛犊大的罗威纳犬蹦起人立，发出牛吼般的狂吠，四人惊呆在原地不敢动。仔细一看，原来三只罗威纳犬用鸡蛋粗的铁链拴着，否则四人早成狗的美味早餐了。

三只罗威纳犬，丰富的营养使它们棕黑色的毛熠熠生辉，长期的运动使它们肌肉健壮发达，无不显示出它们好斗、嗜杀、凶猛的狩猎能力。田丰属狗不怕狗，正准备走过去。谁知那三只狗一叫，就像下了一道命令，几十只大小狼狗从屋里狂叫着冲了出来，狗多势众，像草原狼一样可怕，一路狂吠着向他们冲来。原来这里是狗场，它们全把颈上的毛竖了起来，发出愤怒的嚎叫声，仿佛要吞噬宇宙。四人见状，扭头就跑，这一跑反而暴露出人类的胆怯和害怕，助长了狗的气势。一阵穷追猛吠，梁鑫天生怕狗，慌不择路跑散了，狗看他落单，趁势向他追去。

田丰见势不妙，大喊："快爬树，快、快！"梁鑫哪有心顾及爬树，吓得屁滚尿流跑姿变形，眼看狗就要围上去了。田丰一把抢过胡浪手上的锄头，嘴里发出"哇呀呀"张飞般吼叫，以闪电之速射向狗群。

他两手握紧锄把，在狗群里如街舞"风车转"般甩打，来不及躲避的狗被打得"噢儿噢儿"惨叫。狗群乱成一团，多数狗失去了战斗力。但有七八只不怕死的亡命凶犬，见田丰多管闲事，气势汹汹向他扑来。田丰越战越勇，像斗红眼的公牛，拿出了武警战士的看家本领，腾、挪、跳、打，打得群狗无法近身。

狗群前赴后继不断向前冲来，一片狗牙闪烁，一对对狗眼，像熟透了的红樱桃，充满了对人的仇恨。那些狗好生聪明，来了个见招拆招，也使出腾、冲、抓、咬的狠招，人狗混战，招招连绵不绝，如同行云流水一般，瞬息之间，田丰全身便像罩在了一团云雾之中。

站在边上的陈奇浪和胡浪被田丰的勇气激发出了斗志，各自找出棍棒冲过去，与田丰形成犄角之势，棍子舞得虎虎生风，只听狗群中不时发出哀叫。田丰心想，擒贼先擒王，打狗先打领头狗。他找准机会，对准那只冲在最前面的黑红色狗，一招"斗转星移"，打得狗头栽地，踉跄而逃。

这时，梁鑫已从惊吓中缓过神来，拿起棍棒也加入进来。那些狗失去头领，见人类众志成城，心想，好狗不吃眼前亏，纷纷如丧家之犬，溃败而逃。

战斗结束后，梁鑫看见田丰手背上有血迹，惊叫道："田丰，你的手？"田丰抬起右手一看，三道爪痕有血浸出。这是刚才打斗中，不知何时被狗抓伤。梁鑫、陈奇浪、胡浪几乎同时催促道："快走，去医院打狂犬疫苗！"田丰若无其事地说："离肠子还远，不要惊慌，完成土壤采样再去不迟"。他们三人知道田丰是个说一不二的硬汉，再劝无用，只得抓紧时间去采样。

直到下午五点多，四人完成土壤采样后直接到达张家界市卫生防疫站，梁鑫、陈奇浪、胡浪看着田丰注射完第一针狂犬疫苗，悬着的心终于放下。

1982年出生于永定区的田丰，是一个退役军人干部家庭子弟。他身高一米七五，伟岸挺拔，彪悍神勇，胆识过人，工作极具魄力，也是个心有猛虎、细嗅蔷薇的人。

他父亲3岁丧父，12岁丧母，与两个姐姐相依为命，在苦水里长大。他小时候非常聪明，二胡能拉出泉水叮咚之音、笛子能吹出黄莺鸣啭之声，还是个自学成才的木匠和水电工。但他很调皮，天不怕地不怕，是个打架天王，没人管得住他。初中毕业后，大队（我国行政管理体制在20世纪80年代之前行政村叫大队）领导将他送去广东炮兵部队服役。到部队后，他像变了一个人，吃苦耐劳，勤奋好学，坚韧不拔，积极上进，第二年就提了干，成为一名有志军官。

他父亲三次参加对越自卫反击战，而且战功赫赫，官至营长，1987年大裁军转业到永定区老干局任副局长。他母亲曾是原永定区环境保护局尾气监测站站长。很难想象，眼前这个老练成熟的男人，遗传了父亲的调皮基因，在少年时代是个"超社会的"、总能吆喝到大帮哥们扯皮打架无所畏惧，在学校"横着走"，但父亲家法森严，家规严明，因此他经常挨打。有一次，父亲下手太重，一拳将他打晕在地，母亲吓得大哭。他被打怕了，学会察言观色，见父亲脸色一变，拔腿就跑，父子俩玩起了猫和老鼠的游戏。直到初中毕业才懂事归正，好好做人。

2004年大学毕业后，秉承父志，走进陕西省延安市武警部队，喝的是黄河水，吃的是小米饭，在黄土高坡摔打磨炼三年，于2002年退役，回到张家界市，被安置在环境监测中心站，像母亲一样成为一名环保监测人。

17年来，田丰一直战斗在现场采样第一线，那些酸甜苦辣咸的野外作业采样情景历历在目，他说"这是一堂堂没齿难忘的人生大课，至今仍然激励和鼓舞着我"。他表示，要坚守这一份别人看来或许盲目愚蠢的执念，立志在现场科心无旁骛奋斗到老。

十三、环保"千里眼"

对陈晓华的采访是断断续续的，在去慈利检查地表水自动监测站房修建情况，和上八大公山查看生物多样性样方的路上，笔者一边坐车一边听她对往事的追忆，记录这些带着艰辛却闪着光的片段。

陈晓华，高级工程师，湖南省张家界生态环境监测中心副主任，分管自动监测工作和财务、资产、采购、工会、妇委会等工作。她端庄而不做作，热情而不浮躁，善良而不失坚强，是个豁达而知性的女人。她在 27 年的环保工作中以苦为乐、默默坚守，在生态环境保护领域闪烁着自己独特的光芒。

陈晓华来自革命老区桑植县。她爷爷是个见别人难过自己先落泪的菩萨心肠，且饱读诗书，满腹经纶，唐诗宋词、康熙字典都能背，是一代居尘学道、即俗修真的夫子秀才。她奶奶是有着五十多年党龄的大队妇女主任，做事麻利，治家有方，协调邻里关系能力强，是个不言而威的女中豪杰。陈晓华的父母养育了两个女儿，陈晓华是老大。

古语云："家风正，则后代正，则源头正，则国正。"陈晓华拥有良好的家庭教育和精神支持，是她的人生道路良好的开端。她从小喜静不爱动，爱看书学习，小学就读完四大名著。但她自小体质弱，为增强体质，尤其是要德智体美劳全面发展，经选拔进入校田径队，后来还打破过中长跑的校运会纪录。她凭借自己的努力，从小学到初中学习成绩一路领先，一直担任班长、学习委员，是班级的尖子生。

1992年，陈晓华16岁，陈家有女初长成。父亲支持她报考长沙环保学校，在当时，环境监测是冷门，街坊邻居都认为"学什么不好，非得学扫街，没出息！"陈晓华也有些不解，心想，打扫卫生用得着花四年学习么？她来到学校后，才知道自己面临的并非打扫卫生那么简单。长沙环保学校，是国内唯一一所由原国家环境保护局与湖南省人民政府共建的环境保护类高职院校，湖南省示范性高职学院，教育部培养职业技术人才的优秀高校。

在这里陈晓华专攻环境监测专业，她暗下决心，定要学到真本事，做一名与山水同呼吸、共命运的绿色卫士，以"千里眼"般的超凡洞察力，看护好张家界这个美丽家园。

四年的学习时光很快就过去了，毕业时，学校向全年级八个班的前三名的学生伸出橄榄枝，每个班抽一个人到国家环境保护局和中国环境科学研究院实习三个月，陈晓华因品学兼优的出色表现获得了这个机会。她在这个高端平台上得到了良师提携和指点，为自己的未来奠定了坚实的基础。

1996 年她毕业后，被安排在张家界市环境保护局环境监测站。当时单位条件艰苦，刚完成"人力板车"到"三轮摩托车"的蜕变，全站十几个人，一辆摩托车走四方。每天的工作就是采样、分析、写报告一条龙。除此之外，还要兼顾环境影响评价分析、质量管理科、现场管理科等科室工作。她与同来的两个新生力量，一同跟师傅学习三个月后，能熟练操作采样仪器设备、独立承担各种项目的实验室分析、汇总结果形成报告。在这工作中逐渐成长起来，完成了从"学生"到"监测技术员"的转变。

1998 年，陈晓华遭遇了一次"下马威"。

张家界市中心城区环城路城市主干道"双向六车道"建设工程正在热火朝天地进行，陈晓华和综合科李佩耕等三人，负责子午西路至风湾大桥这段环境保护竣工验收的前期准备工作。

这是她第一次参加环境影响评价，每天踩着晨露到工地走访，找相关负责人沟通，顶着烈日查看、采样、分析。在领导和师傅的指导下，研究相关文件和项目工程分析、排污分析；评价区域主要污染源调查及评价；规划方案分析或建设项目工程分析和环境现状调查，并进行环境影响预测和评价分析。她有条不紊地忙碌着，不分日夜在工地上奔波，虽然苦点累点，但也感到充实而心情愉悦。

　　一天，陈晓华在子午西路进行区域环境特征调查，临近中午时，下起了雨，她没有带伞，眼看雨越下越大，急忙小跑着去躲雨。刚跑到解放小学前拐角处，一辆俗称"慢慢游"的人力脚踏车，突然从她左后方冲出来，车身将陈晓华的衣服挂住，将人拽倒。陈晓华一把抓住"慢慢游"的门杆，双膝着地被拖了好几米才停下来。当她爬起来一看，好家伙，两条裤腿被磨破，一双膝盖已被磨得血肉模糊，像两朵白里透红的牡丹花，痛得她歪牙咧嘴。

　　"慢慢游"师傅自知理亏，赶紧将她送往医院。到医院后，陈晓华不仅没有为难师傅，还叫他去跑车，别耽搁了生意。师傅深受感动，把身上累积起来十多张一元的散票子送到她手上，陈晓华没有接，说："苦力赚钱不容易，你也不是故意的，但以后骑车要小心，伤人伤己都不是好事"。师傅一个劲地点头，感动得向陈晓华边作揖边说："谢谢女菩萨！"

　　膝盖是活动频繁的敏感部位，两朵"牡丹花"导致陈晓华无法动弹，在医院躺了三天，第四天她强行出院，杵着棍子来到办公室，同事都劝她休息，她说在医院待着，闲来无事，膝盖更痛，回来上班有事做，反而忘了膝盖的痛。还说这点外伤不碍事，大脑和手可以动。就这样，她坚持和同事一起，忙于大气、地表水环境风险评价，污染防治措施可行性评价，环境损益分析、汇总、分析第二阶段工作，根据所得到的各种资料、数据，得出结论、完成环境影响报告书的编制等工作。花费大量时间和精力，焚膏继晷日夜辛勤工作两个多月，顺利完成了这项工程验收环境影响评价。

陈晓华在这次环境影响评价中得到了磨砺和成长，可谓玉汝于成。

2001 年 10 月，陈晓华生完孩子，出现持续性发烧、乏力，疑似"红斑狼疮"的症状，但医生和亲人封锁了这个灰色消息，以生孩子后身体虚弱之名，要她在医院住了一个多月，中途两次高烧不退，医院下了病危通知书。医生再三叮嘱要卧床休息，不能活动。

陈晓华不知道自己的病情，该干嘛干嘛，除了喂孩子，她忙着准备上岗证考试复习，早也看书晚也看书，勤学苦练基本功，把考试的内容熟背硬记。终于要考试了，她不顾家人的强烈劝阻，态度坚决地要去考试，为了顺她的意，丈夫陪在她身边，让她安心走上考场。通过半天的艰苦鏖战，陈晓华以沉着冷静的姿态，将涉及离子色谱中阴、阳 11 个离子项目、高锰酸盐指数、氨氮、总磷、总氮、总砷、汞等理论的试卷全部考过，这一突出表现，令考官刮目相看。

考试结束，监考老师和同事们听她丈夫说出陈晓华的病情后，都为之动容。

陈晓华在张家界市人民医院治疗两个月不见效，转到长沙湘雅医院，经一番全面检查终于查出病因，原来她患心肌炎引发心肌积液，是免疫力低下所致，需要慢慢养。

查出病因后住院一周，心肌炎治愈，陈晓华带着一大包药回来了。她没有延长假期，马上报到上班，投入到工作中去。

2003年，杨成刚任张家界市环境监测站站长，监测站迎来了程咬金拜大旗的好运，上级给张家界市环境监测站分配了三台大型仪器，全站员工听闻此事比盘古老跳舞还兴奋。

可是，面对这三台洋玩意儿，因为英语功底欠缺，多数人连最基本的开机都不会。

陈晓华一头扎入实验室，围着新仪器深入研究，凭学生时代的英语基础，一个字母、一个字母的认，一个单词、一个单词的识别，对照说明书和英语字典查找中文答案。那时电脑没普及，也没有智能手机，实在不懂的，只好不惜自己的话费，打长途电话请教厂里专家。在他们的耐心指导下，做好每个单词、每个句子和中、英对比注解笔记，不厌其烦地反复学习熟记，慢慢地从一知半解到了如指掌。

项目考核时，陈晓华的离子色谱仪，阴阳离子等十多个项目都一次性考过，让别人羡慕得"啧啧啧"咋舌。

陈晓华拿到上岗证后，与李文霞、龚黎明一起，"三个女人三台机"，成为监测中心的监测守护者。陈晓华负责离子色谱仪，李文霞负责原子吸收仪，龚黎明负责气相色谱仪，她们三人同是长沙环保学校毕业，在同一单位同一科室，同为环保事业撑起半边天。

每天踏着朝霞出门，伴着月光归家。除了做实验，她经常出去采集各处地表水、饮用水，以及工厂、宾馆污水的水样，在溪河沿岸和偏僻乡间弯弯的山道上奔波。

回到实验室，还要忙着对采集的水样进行监测分析，忙着清洗器皿，忙着写分析原始记录，忙着打扫实验室……

2005年冬，陈晓华上任现场管理科主任。一天，她和高峰、田丰到桑植县朱家台进行污水处理厂验收工作，按项目验收监测技术规范要求，三人吃住在厂里，每隔两小时进行一次采样，监测工艺等是否合格。从清洗容器、打水、分类装瓶、贴标签、填写原始记录、样品装箱，每个步骤必须按技术规范完成。

冬天的夜晚，寒冷无比，一天一晚要在刺骨冰水里清洗十多次容器，双手冻得先是刺痛，接着麻木不听使唤。每采一次样最少要半个小时，刚做完这批采样，屁股还没坐热，又到下一次采样时间了。就这样采样复采样，分析复分析，像和尚敲木鱼往返循环，三天三夜没有休息。

第一天晚上还好，第二天晚上就有些撑不住了。为了不误时，三个人轮流值班，每采完一次，其中两人抓紧时间眯一会，留一个人看时间，到点就叫，依次循环。

到第三天晚上，三人都有些熬不下去，特别是到了下半夜，眼皮上下打架，疲倦与寒冷夹击，陈晓华本来就身体虚弱，加上熬夜，更加疲惫不堪。当她在污水池边装完样品起身的一刹那，只觉眼前一黑，身子一歪栽下污水池。站在旁边的高峰跟着飞身跳下，抓起陈晓华，与站在岸上的田丰，一个举一个拉将她扯了上去。两只落汤鸡在寒风凛冽的夜里，冻得瑟瑟发抖，比寒号鸟还可怜。

除了随身衣，三人都没带换洗衣服，远水解不了近渴，只好向污水厂老板求救。洗完澡换上干净衣服，继续战斗，直到圆满完成这次验收。

改革开放四十多年来，在工业化快速发展阶段，经济总量达到前所未有的规模的同时，大量化石能源的燃烧和急速增长的机动车数量等导致了严重的空气污染；农药、化肥的大量使用对土壤造成了严重污染；工业、农业和生活污染源同时对水体环境造成了极大破坏，生态承载能力面临巨大挑战。张家界也不例外，环境保护迫在眉睫。全市有两百多个大小厂矿企业，特别是慈利县的镍钼矿开采，对生态环境造成极大危害。

慈利县镍钼矿主要分布在枧潭溪流域的高桥镇、洞溪乡一带的大浒矿区。20世纪90年代至2010年，市场经济体制下追逐利润的各类资本很快占领乡村阵地，传统约束让位给钞票，人们掀起了开采镍钼矿的高潮。在高桥镇黄林峪村和洞溪乡大浒村就有二十多处镍钼矿开采场，好多座山像患上"鬼剃头"的瘟病，变得千疮百孔，大山的地表遭破坏、内脏也被掏空，到处是排污流毒的伤口。

枧潭溪流域的镍钼矿开采区被列为全国138个重金属污染综合防治区域之一，全省28个重金属污染县之一。通过严格监测得知，河水镍浓度最高值达到0.255毫克／升，超标11.75倍，是中央第一轮、第二轮环保督察和省环保督察及"回头看"报告中指出的政府需重点整改的生态环境问题。

矿区周边环境遭到破坏，对土壤、水源造成严重污染。那些遗留的废渣、废水，对下游枧潭桥流域水质产生巨大影响，因此引起各级领导的高度重视和广大人民群众的极大关注。政府下令进行整改。无论是还在生产的还是已经停产的，要一个不漏地进行"一厂一测"。毋庸置疑，这项艰巨的任务自然就落到张家界市环境监测中心站。

陈晓华记得，从2010年2月底开始，她这个现场科主任，带着高峰、田丰，走上了调查登记的艰辛之路。两个月过去，她深深感觉到完成这项工作进程的缓慢与难度。

一辆车，三个人，整整一年，跑遍桑植、慈利、永定、武陵源的村村寨寨、山山岭岭，进行调查登记、采集样品。凡在生产的企业厂矿，做调查比较容易，难的是那些停产的厂矿企业，孤立于荒山野岭，都是"铁将军"把门。要找到这些停产企业的主人，必定要多方打听，最捷径的办法就是找村领导，与村领导联络沟通、搞好关系、争取支持，耐心细致地向他们宣传生态环境保护的重要性和相关政策，这样才有可能找到那个要找的厂长或企业主。

有的地方连村干部也联系不上，陈晓华只好请求所在区、县环境保护分局的领导派人帮忙。更大的麻烦是，大山里矿区的砂石公路，无人保养，大坑连小坑，把人颠得头撞车顶，东倒西歪，肚子里翻江倒海肠肝肚肺差点颠出来了。下雨后更是泥泞不堪，时不时车轮深陷或打滑，经常要找人帮忙垫稻草或推车。有的地方由于车子无法行走，只得分批请当地老百姓用摩托车送一段，再徒步。有的山上没有公路，直接步行上山。

2010 年 5 月 24 日，陈晓华和高峰、田丰三人到慈利洞溪乡一带的大浒矿区的大山之巅找矿老板核实情况。车子只开到山脚下，他们需要靠两条腿向山顶攀登。

三人累得热汗淋淋，一个小时后终于到了。几乎在他们到达的同时，老天竟然气势汹汹地下起雨来。

办完事下山时，已经下午三点多了。大雨滂沱，山洪怒吼，冲刷着他们下山的路，也冲刷着大浒矿区开采得七零八落的矿渣泥石。

雨像长了眼睛一样，追着他们三人下，像是故意为难他们，一点儿没有停下来的迹象。一路风雨，一路雷电，一路打滑，一路提心吊胆……当他们三人磕磕绊绊走到开采镍钼矿的山坡上，更严峻的考验来了。

陈晓华看到路的上方，大大小小泥石伴随着雨水山涧，不断地弹射下来，而路的下方，全是嶙峋悬崖。由于开采挖出的泥巴路，都是松土，在一阵紧似一阵的暴风雨中飘摇，像随时准备噬人的幽灵忽隐忽现。

高峰要求陈晓华走在他和田丰之间，说这段路太危险，他在前面探路，还必须避开滚石烂泥。

高峰跳到前方一块大石头上，观察坡上滚下的泥石。

陈晓华走了几步，发现不对劲，路好像在摇晃，只好手脚并用，几乎贴近地面爬着走，十分艰难地一步一步在泥石中踽踽而行。

田丰站在后面，让陈晓华先过去，然后他再冲刺。

啊！陈晓华脚下一滑，不由自主的大叫一声。

高峰一看，陈晓华整个人跌倒了。便立刻冲过来。

陈晓华惊恐万分，本能的伸手一阵乱抓，但越是徒劳地乱抓，身子越是往下滑。高峰和田丰同时大喊，"不要乱动！"

陈晓华使劲让自己的身体贴向陡坡，试图依靠摩擦力迟滞下滑的速度。庆幸的是，在她滑下两三米后，她的右手抓住了从泥石中露出的树根，这才止住了下滑的趋势。

几乎同时，高峰跑了过来，田丰寻来一根棍子，两人赶紧实施救援。田丰把棍子递给高峰，他自己一手拽紧里面一树根，一手拉住高峰的左手，高峰右手伸出棍子，一点一点接近，最终伸到了陈晓华的手中。

泥石不断地从他们三人脚踏处滑落。下面是千岩万壑的悬崖，悬崖底部，是枧潭溪的滚滚狂浪，伴随着暴雨雷电发出阵阵咆哮的巨响，仿佛要吞噬世间的一切。

高峰和田丰拉着陈晓华一点点移动，随后一步步爬到相对安全的地带。

满身泥水和擦伤，流血和疼痛，以及劫后余生的恐惧和委屈……种种情绪交织在一起，使陈晓华这个身体柔弱、内心强大的女性也忍不住放声大哭起来。

高峰和田丰默默地在旁边陪着，他俩深知做环保工作的艰难险阻，也更了解陈晓华作为科室主任的不容易，两人看到雨水和泪水混杂在她温润的脸上，却让这张脸更加美丽甚至有些神圣了。

经过一年的艰苦跋涉，与村领导以及企业主的反复交流，大部分村领导对于保护生态环境持欢迎态度，积极配合，环境保护的思想也开始渐渐渗透到他们的认知中。

通过张家界市环境监测中心站的反复监测和严格分析，大部分水泥厂、镍钼矿开采场等大小企业的环保不达标，政府下令进行严格整改，不合格的被执行关闭，自 2000 年以来的镍钼矿开采，至 2013 年全市镍钼采矿和加工企业已全部停产。

看到这些成果，陈晓华内心激动不已，觉得自己所有的努力和付出没有白费。

在这段时间内，2008 年春，执法支队招考参公管理人员，陈晓华有一瞬间的动心，但凭着对监测事业的热爱，凭着对环境监测专业的执着，她没有权衡职业前景、待遇和晋升机会等条件，毫不犹豫地选择了坚守监测站。

2014 年，陈晓华担任张家界市监测中心站总工程师，分管财务、人事、业务工作。单是自动监测、工资晋级定档、人事进出、医保申报、工资晋级、调级、凭证登记、银行对账，政务中心、人社局、医保局等工作部门的路她都跑遍了，门槛都快踏破了，忙得晕头转向。除了这些事务，她始终坚持参加其他科室的一线工作。

说起爬烟囱的经历，陈晓华说这是一段刻骨铭心、心惊胆战的往事，虽有些不堪回首，但也让自己对环境保护有了更深刻的理解和认识。

2011 年 7 月，大热煊赫，焦金烁石。陈晓华、高峰、田丰三位老搭档，到桑植县瑞塔铺水泥厂采样，平时都是高峰和田丰两个男子汉爬烟囱，陈晓华负责厂房周边空气监测。但这次因为高峰和田丰忘了带登记表，她主动要求送上去。平时看高峰和田丰两位现场管理科老将，爬烟囱潇洒得像蜘蛛侠纵横宇宙，她心生敬意也深受感染，决心亲历一次爬烟囱的挑战。

线条简洁的烟囱像是一根巨大的指针，指向未来的未知。陈晓华将装好登记表的挎包斜挎肩上，以英姿飒爽、巾帼不让须眉的洒脱，学着高峰和田丰的样子，在没有任何保险措施的天梯上，一步一步向上爬去。

只要内心足够坚定，任何困难都无法阻挡一个人前进的脚步。陈晓华有些手榴弹捣蒜的冒险精神，虽然有些紧张和胆怯，但她依然一鼓作气爬到最高处，顺利得有点不可思议，就在她双手抓住最后的钢筋梯子时，意想不到的事发生了。"啊呀"一声惊叫，她脚下踏垮了锈坏的钢筋梯子，整个人像吊单杠的体操队员，悬在三四十米的高空摇摆不定，情况万分危险。

这一突然的变故，使等在梯子边的高峰和田丰大惊失色，心脏差点蹦出来，两人立即抓住陈晓华的两只手腕，把她从地狱门口抢了回来。

三人一屁股坐在烟囱顶上的监测台上，无言以对。这一刻，时间和空气仿佛都凝固了。

过了许久，陈晓华说："这是我第一次爬烟囱，第一次体会到你们太不容易了，以前觉得爬烟囱是你们的分内之事，我今天总算领教了，这个差事是用生命做赌注，太危险了，我要为你们、为我们环保监测人发声，必须为高空作业和野外作业人员买保险！"陈晓华双手使劲抱住自己的双腿，将下巴搁在双膝盖上，像是和高峰、田丰说话，更像是惊魂未定地自言自语。

她的提议，得到单位领导胡家忠的大力支持，尽管单位资金困难，还是为常年与危险打交道的监测一线的职工买了"人身意外保险、工伤保险"，为大家买了一份心安。

27 年来，陈晓华把环保监测工作当作一生的事业，用行动诠释"牢记使命，忠诚守望"的内涵和真谛，身上闪烁着先进、嘉奖、立功等耀眼的光环。

2020 年，当她被提拔为湖南省张家界生态环境监测中心副主任时，她深情而感激地说："我感恩监测中心的领导和同事，在我工作生活遇到困难时给予了我莫大的关心和支持；我感恩脚下这片热土，让我为她奉献青春，留下难忘的记忆，更收获了磨砺与坚强；我更感恩这个伟大的时代，让我们努力奔跑，成为新时代生态监测路上不折不扣的环保'千里眼'"。

十四、实验室的一员"焊将"

　　一个夏日，吴鹏和黄学峰在张家界森林公园煤炭公司休养所做完锅炉烟囱凿孔采样，太阳已偏西。两人顾不了洗去身上的汗臭和烟渍，忙着将采样仪器和电焊机等工具搬上三轮摩托车。吴鹏跃上驾驶座，望了望周围，只见那奇峰异石，万壑幽深，悬崖峭壁，远山近景，成为他们下山之旅的背景色。一辆浑身哗啦哗啦乱响的旧摩托车，黄学峰陪工具反坐在车厢，吴鹏驾车向前开，一正一反珠联璧合，像一头雄狮在砂石公路上七弯八折的颠簸，盘旋而下，一往无前。

　　车开过那段出了名的险路时，里面是岩壁，外面是深不可测的悬崖绝壁，吴鹏提醒自己，减速、减速、再减速。此路段只有一车宽，一旦滚下去，后果不堪设想。所以，他紧紧握住刹车，绷紧每根神经，两眼盯着前方，生怕出现一丝闪失。

　　一阵紧张过后，总算平安通过。刚松了口气，车开到那段蜿蜒曲折的下坡路上时，突然车速加快，越来越快，转弯也减不了速，车子像脱缰的野马离弦之箭一般飞了起来，吴鹏挂挡，挂不住，连挂几次，还是挂不住，使劲拉住刹车也无济于事。坏了，刹车失灵，惊恐万状之际，他急忙大喊："黄学峰，跳车、快跳车！"

可黄学峰就像被雷惊傻了一样，左瞧瞧右望望，抓着扶栏就是不敢跳。无论吴鹏怎样吼破喉咙，他还是不敢跳。黄学峰不跳，吴鹏也不能跳，更不能弃人而逃，他唯有掌握好方向，精神高度集中，只有风声和心跳在耳畔回响，车轮与地面一同舞动，车速如流星，一路狂飙向前。吴鹏就像赛车手一样，连续三个惊险万分的转弯甩尾，死里逃生般驾驶到一段稍缓的直线路段，突然，眼前一亮，看见靠里面的公路边上有块大石头，保护神似的站着一动不动。"真是天助我也！"吴鹏迅速抓住这根"救命稻草"，生死攸关之际，胆大勇敢地将摩托车向石头驶去，来了个"天下第一吻"。

"咣当"一声，吴鹏仿佛和自己的魂魄同时震得站了起来，黄学峰死死抓住车厢扶栏，车子的撞击力使他的身体像摇晃的骰子簸上颠下，然后卡在两个工具箱之间终于不动了，与此同时，摩托车也横亘在公路上停了下来，天地间一片沉寂，时间仿佛定格在那个石头上。

两人跳下车，出窍的灵魂从惊慌和忐忑中安定下来。呆坐片刻，吴鹏叫黄学峰留下来守东西，自己徒步返回到煤炭公司休养所，借办公室的电话向张家界市环境保护局求救，领导接到电话后立即派局里唯一的吉普车司机来送配件。

拿到配件，吴鹏摇身一变，当起了技术娴熟的修理工：移开卡钳和把手，取下旧刹车片，用汽油将新刹车片擦湿，旋入卡钳里，安装固定塔，拧紧六角螺栓，紧固把手，调整刹车活塞位置，调整把手位置，测试刹车效果并检查把手是否牢固。经过这一番折腾，当他们驾驶着摩托车回到家时，已是华月当空、繁星满天的午夜时分了。

这是 2005 年夏末，吴鹏和黄学峰在张家界国家森林公园锣鼓塔山坡上的一次特殊经历。石头当刹车逢凶化吉救了二人一命，当真是天佑地佐、福大命大造化大！

20 世纪 70 年代初出生在永定区的吴鹏，长得虎背熊腰，膀圆腰壮。他心胸宽广，品德高尚，坦诚的双眼，朴实的举止，透露出憨厚的气质，使人感到无比的踏实可靠。

吴鹏的父亲 17 岁为支援国家"三线"建设，进入衡阳市电力局工作，并于此结婚成家。1970 年，携妻儿下放回到老家永定区官坪乡马口村务农两个多月，当时大庸县电力局需要外线技术工，于是将他招为编外人员。三年后复职，又回到了衡阳市电力局。

吴鹏的母亲留在官坪乡马口村村办企业做裁缝，由于夫妻两地分居，而三个孩子需要照顾，1983 年他父亲调回大庸县电力局，不仅照顾了小家，后来还成为张家界市环境监测站的最美电工志愿者，无论是电路故障还是线路老化，都是随叫随到，给足了用电安全感。

吴鹏从小读书用功，1990 年，大庸一中（现为国光学校）毕业高考，品学兼优的他以全县第八名的突出成绩考进中南民族学院化学系分析化学专业。四年大学，猛踩油门，不带缓冲，一路狂奔。一不留神，《无机化学》《有机化学》《分析化学》《高分子化学与物理》《环境化学》五门功课全优。

1994 年 7 月，他以出色的表现顺利毕业，被分配到张家界市环境监测站分析室成为一名监测员。上班第一天就上机做实验分析，第一个实验做六价铬。实验过程中，他如同艺术家一样精心调整着各项指标，细致入微地观察着实验中的每个细节，仿佛在弹奏一首美妙的乐曲。

接下来，在一间昏暗的实验室里，他每天站在实验台前，双眼如同星空一般闪烁着光芒。他的手在试管和烧杯间快速移动，精确地配比着各种药剂，完全沉浸在科学的世界里。

对于实验中的"酸碱中和滴定法""氧化还原滴定法""分光光度法""重量法"，他学一门，通一门，通一门，精一门，门门皆精。

刚进单位那会儿，正值监测站奋发开拓、艰苦创业的关键时期，化验室条件极其简陋，仪器紧缺，没有像样的交通工具，只能靠肩挑背扛和拉板车出去采样。为了解决这一窘状，领导决定向银行申请贷款，但贷款要房屋做抵押，而单位的房子没有房产证。就在单位领导一筹莫展之时，吴鹏视单位如家，以放眼未来的境界主动担当。他深谙单位与自己就是"辅车相依，唇亡齿寒"的利害关系，回家与父母商定，为单位提供支持和帮助，无私地用自家的房产证做抵押，借得 8 万元贷款，为领导减压，为单位赢得起死回生的转机。

吴鹏这种"先天下之忧而忧，后天下之乐而乐"的家国情怀，和一心为公、无私奉献的雷锋精神、中华民族传统美德以及义薄云天的大义，赢得了人们的无限敬重和赞美，也成为张家界环保史上传颂至今的佳话。

吴鹏集监测分析员、司机、电工、电焊工、修理工等多重身份于一身，是个外表木讷而内心聪明的多面手。1996 年他任监测分析室主任，2003 年，他和董清富成为张家界市环境保护局第一批加入中国共产党的优秀分子。现在是湖南省张家界市生态环境监测中心技术负责人、高级工程师、资深监测分析员。

吴鹏有一个好体魄，吃得了苦，耐得住繁琐，不怕劳累，霸得蛮。从小耳濡目染父亲电工技术，对电力行业知识"近水楼台先得月"，继承了父亲"最美电工志愿者"的衣钵，主动承担起单位的电工重担。电灯不亮了、开关跳闸了、电线老化了、线路短路了、仪器出现故障了……都要他去维修解决。特别是对电焊这门跨学科的应用技术无师自通。没想到，这个实验室的监测分析员能把电焊做得炉火纯青，成为张家界市环境监测站独一无二的一员"焊将"。

说到这位"焊将"，很多人不禁要问，电焊与监测实验完全是八竿子打不着的行业，吴鹏学这玩意儿干嘛？

俗话说，人不连人事连人。自20世纪90年代起，张家界市作为新型旅游城市，各行各业都在迅速崛起，饭店、宾馆、餐饮等服务行业蓬勃发展。但这些行业的锅炉烟气、废弃物等的排放，对水、大气和生态环境带来了不小的负面影响，因此要加大管理力度。其中最重要的管理手段就是进行污染物排放监测。吴鹏作为监测技术分析室主任，理所当然冲在一线担当大任。

那时的锅炉烟囱，都是老式钢管做的。按采样规定，烟囱安装除尘器的前后端分别采样才是最佳效果，在建设时需预留监测孔，但全市所有锅炉烟囱都没有监测孔。张家界市下辖的两区两县有一两千家旅社、宾馆，大部分都是燃煤锅炉。要监测这些锅炉烟气，首先需在烟囱的规定高度开两个监测孔。在钢管上开孔，非用电焊技术不可。

监测站的员工平时只与仪器、试管、试剂、数据打交道，电焊则是一种制造技术，按说应该请专业电焊人员来完成烟囱开孔工作。但为了节约开支，吴鹏二话不说，来个螃蟹卖假肢——自力更生。

单位买来电焊机，吴鹏找来一块钢板，就在上面练习操作。左手拿面罩右手持焊枪，夹起一根焊条，先看准要点，将面罩挡住面部，焊枪在钢板上恰到好处、不重不轻的一戳，"嗞"；面罩移开，看一下，再挡，再戳，又"嗞"；挡，戳，"嗞"；挡，戳，"嗞"；反复多次，他就掌握了电焊的基本操作技术，焊接的管线焊缝不仅均匀而且十分美观。从此，他又成了电焊师傅。

弧光闪烁，焊花飞溅，伴随着一阵阵"嗞嗞"的响声，一道道焊缝完美成型。不一会儿，一个精美的"中国环境标志"连环图呈现在铁板上。焊枪和焊条，就像裁缝手中的针和线，掌握技巧、熟练使用直到"天衣无缝"。焊枪当针，焊条为线，一个月后，吴鹏的焊接技术，已经能够用手中的"针线"织出了激扬的青春、"织就"一道道监测通道。

1996—2017 年，吴鹏负责为全市各宾馆锅炉、火电厂等烟囱上开监测孔，用掉了几百斤焊材，完成了一千多家宾馆锅炉、水泥厂、火电厂等行业烟囱的开孔工序。一寸寸焊条的熔化，一条条焊缝的走向，一个个圆孔的出现，这是汗与火的交融，是青春飞扬的焊花，是灵魂与金属碰撞的火光，闪耀着，沸腾着。

挽起袖子，吴鹏胳膊上几块硬币大小的伤疤赫然可见。这些伤疤是他业余电焊生涯最好的见证，像一枚枚特殊的"勋章"，诉说着他丰富多彩的人生经历。

1996 年夏，正值旅游旺季，吴鹏、李中文、黄学峰三人，在武陵源吃住一个月，开展锅炉烟囱烟气采样监测工作。

每天顶着酷暑和锅炉的高温，一家一家在烟囱钢管上焊开一个圆形监测孔，将采样枪伸进去采样。采完样，做一个堵头开关再焊在圆孔上，以螺钉固定，以后采样只需拧开开关就可以了。吴鹏每天当主角围绕梯子爬上跳下，既要焊孔、操作仪器采样，又要做堵头。看似简单，操作起来却很烦琐，一个监测孔要一两个小时才能做成。每天全神贯注忙到两头黑，只能完成四五家的采样监测。为了赶进度，他经常加班加点，一天下来腰酸背疼、精疲力竭，却乐观地告诉家人，自己感到工作很充实、很有意义。

电焊作业需要随时保持警惕，锅炉烟囱内数百摄氏度的高温，钢管发烫，稍有不慎便会被灼伤。他们的衣衫早已被汗水浸湿，脸庞在烈日下晒得黝黑通红，安全帽下的头发全部湿透。太阳东升西落，华灯升起，伴随着星星点点的灯光，直至深夜十点，他们才结束一天繁忙的工作。

一天，吴鹏在武陵源龙园宾馆为锅炉烟囱开孔。电焊声刺啦刺啦地响，一朵朵焊花在半空中飞扬，一道道漂亮的弧光闪耀而出。他用焊条在钢管上"画圆"，烧到第二根焊条时，黄豆粒大小的铁水掉落到他的胳膊上，上千摄氏度的高温瞬间穿透工作服，直达皮肤，钻心的疼痛让吴鹏浑身发颤，汗水顺着额头淌了下来。由于站在三四米的高梯上不敢轻举妄动，当他忍着剧痛挪开手臂时，一股手臂烧焦的味道飘向空中，胳膊上的旧疤与新痕交织成一个艺术精湛的"烙铁画"图案。

1998年，又是一个忙碌的季节，采样任务重，监测压力大，杂事烦琐，吴鹏陪伴家人的时间越来越短。一个星期或半个月，甚至个把月不回家是常有的事。吴鹏一忙起来，一连几天都不打一次电话。妻子带着怨愤的语气问他："你的时间都去哪儿了！"每次他都是用"工作忙"搪塞过去。

吴鹏每天在电焊机的轰鸣声中，忙着在钢管烟囱上开凿监测孔，一个接一个，熟悉的人知道他是环境监测员，不熟悉的人还真的以为他是一名专业电焊工。除了开监测孔采样之外，他还有实验监测分析任务，时间对于吴鹏来说根本不够用。

"一忙就是几个月，为了不影响工作，母亲生病住院都没时间顾及，妻子既要看护老人，又要照顾孩子，而我却一点忙都帮不上！"吴鹏愧疚地说道。

2003年夏，吴鹏在桑植火电厂忙着给烟囱开监测孔。监测孔必须在引风机的前后，因为在这两个地方采样才有效。因此每个烟囱上都要分别在室内引风机前和室外引风机后开两个监测孔。引风机噪声大，为了降噪，都是封闭式砖房，室外气温三十八九摄氏度，室内温度至少五六十摄氏度。每次进去采样，他要先将身上淋湿才敢进去。在里面最多只能坚持半个小时，就要出来再次浇水降温，否则，必定烤成皮焦肉黄的"二脚全羊"。

这天，吴鹏将自己淋湿后，闪身钻进那个如同太上老君炼丹的"乾坤鼎"内，站在梯子上，手持焊枪，眼神专注地盯着面前的壳体，凭借熟练的焊技在钢管烟囱上笔走龙蛇。在他的巧手下，一朵朵焊花在半空中飞扬，一道道漂亮的弧光闪耀而出，他身上、脸上的汗水如同焊花洒落。当他将半厘米厚的钢管焊开的一瞬间，近百摄氏度的强热气流裹挟着黑色烟尘直冲脸面，顿时，面目全非，眉毛胡子全焦，鼻血粗鲁而猛烈地喷射出来。吓得吴文晖和樊玲凤惊叫："吴鹏，你鼻子喷血了，快蹲下，别动！"二人赶紧为他递上餐巾纸，叫他快下来清洗降温。吴鹏却没事一样，顺手放下焊枪，用手背在鼻子下抹一把，接着拿起烟枪伸进烟管采样。

做完采样，吴鹏走下梯子，只觉喉咙干燥，舌头又粘又臭。他的脸被烟尘、汗渍、鼻血混合成深浅不一的靛蓝色。汗流光了，身体流出一层松油般的黏液，热辣辣地灼烧皮肤。湿透的衣服被汗渍和鼻血染成一幅"知白守黑"的水墨画。

自入伏以来，"嚣张"的烈日笼罩大地，一天 24 小时热浪滚滚，高温持续一整天。"足蒸暑土气，背灼炎天光"。办公室一族可以吹着空调，喝着冰饮，享受着舒爽的惬意人生，而吴鹏与同事们这些不惧"烤"验的生态环境监测人，从早到晚一直在烈日下战高温、斗酷暑，用汗水和辛劳为环境监测默默付出，以鹰一般的敏锐的眼睛守护天朗地清的生态环境。

青山座座皆巍峨，壮心上下勇求索。吴鹏自工作以来，历经三十个春秋，受三十年锤炼，用执着与热爱、责任与担当，不怕山高路远，不惧环境艰险，矢志不渝，默默坚守在监测分析室，就像飞扬的焊花，即使微小，也能发出耀眼的光芒。

十五、"环保西施"的苦与乐

很快就到中秋节了。天色将晚，龚黎明已经半个月没回家了，她和同事们忙着在慈利县、桑植县做锅炉烟气、水、大气采样。采样后就在宾馆做实验。那天，她在慈利县政府招待所做实验，忙得无暇思虑其他，只能全身心投入监测实验，做完三个大气项目、三个水质项目实验后走出宾馆，已经是子夜时分，抬头看看天，只见一轮孤独清冷的月亮在云朵间流动。突然一大片黑云袭来，仿佛一双神奇的大手，为世界挂上了一件黑色大幕。

她环视四周，天地一片寂静，回到房间洗了把脸，重重地躺在床上，再也不想动弹。忙碌了一天，实在太累了。一觉醒来，曙光初照，她坐起身，突然有种"昨夜闲潭梦落花，可怜春半不还家"的感慨，拿起手机拨打丈夫的电话，只听语音提示："你拨打的电话已关机"。这是丈夫又在"修长城"的信号，屡见不鲜，因此龚黎明早已习以为常了。

早餐时，王立新副站长提醒大家，今天加把劲，把最后五家宾馆采样监测搞完，下午赶回家过中秋。

龚黎明是个温柔能干的女人，为人淡然优雅、温和善良，端庄大气、气质独特，是个浑身散发着仙气的女性，监测分析做得轻松写意，如西施浣纱般巧妙灵动，因此，人称"监测西施"。她虽然是一介柔弱女子，做事却雷厉风行，对工作极度负责，骨子里的那份坚强和骄傲足以令很多男子汗颜。

龚黎明 1974 年正月出生在怀化市辰溪县，父母都是公职人员，家里还有个弟弟，算是个衣食无忧的美满家庭。

龚黎明和她老公是长沙环保学校的校友，从校友发展成恋人，1995 年，她从长沙环保学校毕业，分配到张家界市环境监测站上班。1997 年 12 月，两人走进婚姻殿堂，俊男配美女，这是最美丽的结果。

丈夫英武帅气，在张家界市环境保护局执法支队工作，两人同为环保人，本是完美结合。但婚后才发现，两人的家教、习性、性格、爱好迥异。龚黎明是单位的监测骨干，又是监测分析室主任，是一位能挑大梁的女汉子。先后担任监测技术分析室主任、质量管理室主任、综合办公室主任。上世纪九十年代单位只有办公室、监测技术分析室、综合办公室三个科室，总共才 12 个员工，人少事多，工作几乎无法各自分开。自从单位有了"离子色谱仪""原子吸收仪""气相色谱仪"

三台大型仪器后，成天忙着采样、监测分析、写报告一条龙工作。

龚黎明说写报告单的艰辛至今难忘。那会儿还没有电脑、打印机、复印机等高科技办公用品，砖坨子大的"大哥大"手机都还没现身，所有材料都靠手写。一式三份的报告单，不能用复写纸，一份一份写，工工整整，每次写五六十张纸，写得手腕生疼、手臂麻木，手中的笔也变得沉重，只是机械地重复着写字的动作。时任站长的吴文晖，一口气签完三十多份报告单后对龚黎明说："我签字手都写疼了，可想而知你的手写得肯定更疼！"

监测技术分析室四个人，一年 365 天，没有节假日，天天做实验。污染源废水都是采的化粪池排污口的水样，又臭又脏，加热后，臭气熏天，经常熏得想呕。四个人轮流采样，每天保证三人做实验，几乎忙得天昏地暗、心力交瘁。

20 世纪 90 年代条件艰苦，单位没有车，出去采样，都是肩挑背扛走路去，或骑自行车去。

1997 年秋，一天要去武陵源采样，因为路程太远，为了赶时间，龚黎明到永定区环境保护局借来一辆破旧的自行车，骑上去就跑，一溜烟就没了人影。

蒹葭苍苍，白露为霜，秋气砭人肌骨，但阳光洒在她的脸上，畅快淋漓地感受着自由呼吸。车轮飞转，衣袂飘飘，仿佛在诠释着她的冒险与勇敢。

骑到沙堤那段下坡路上，一辆中巴车突然威风凛凛地迎面驶来。龚黎明赶紧捏刹车，天啦！刹车根本不管用，吓得大喊："让开、让开……"中巴车司机虽没听清她喊的什么，但从她惊慌失措的神态判断出刹车失灵了，礼让而过。与此同时，她双腿着地，借着惯性，让身体向右偏去。龚黎明身高腿长的优势救了自己，只是倒地时被乱石荆棘划伤手臂，她爬起来擦干血迹，整理好心情，再骑上车，向着目的地继续前进。

大气常规监测要求一个季度一次，一次采样5天，一天4样次，一样次45分钟。大气采样泵和采样器有二三十斤，一般采样点都是在楼顶，为了安全，采完了要收起来放到房间里，一天要爬上爬下很多次，有的采样点在私人楼顶，没有楼梯，只能搭梯子爬上去。每次爬梯子，一手提二三十斤重的采样泵、吸收瓶、采样器等，一手扶梯子钻天窗，像拉车爬坡的老牛，用尽了所有的力气，累得满脸通红，汗水淋漓，仿佛生命要燃烧殆尽。

监测员经常带着采样设备和分析试剂及相关器皿，到各区县做大气、水质、污染源监测，一去就是一两个星期，甚至更久，制作样品就在宾馆，所以有了开头一幕。

废气采样，龚黎明以身作则，和男同志们一样，爬烟囱，钻天窗，顶着烈日爬上爬下，累得满头大汗。额上汗渍犹如一朵盛开的花朵，如夏日的骄阳般热辣，炽热的律动润湿了她的眼眶，承载着她奋力拼搏的激情，展现着生命的执着和追求，浸透了她心中的辛酸与坚持。

汗水和烟尘交织在一起，把她自己弄得像被烟火熏黑的腊肉。

1999年龚黎明怀孕了，妊娠反应严重，吃饭吐饭，喝水吐水，三餐都吐，翻江倒海，吃的东西都会吐光。几个月吃不下东西，变得形销骨立，躺在床上无法起身，闺蜜得知后急忙将她送到医院救治。医生见了好一顿数落："怎么拖成这个样子才来医院，严重脱水，大人孩子都有生命危险，赶紧输液！"一称体重，加上衣服才77斤，一连输完五瓶水都不上厕所。好在抢救及时，大人和肚子里的孩子都保住了。为了保胎，龚黎明在医院一住半个月。丈夫并不关心这些，而染上赌瘾，犹如一个无法抵挡的魔咒，让他深陷其中，一步步沦为奴隶。

过去夫妻俩相约陪伴、牵手散步、看山、观水、赏花，草木皆有情，处处都是爱。自从有了孩子之后，孩子体弱多病，又没人带，请的保姆太年轻，带孩子没经验，孩子时常生病住院，龚黎明独自带着孩子往返求医，医院的门槛都踏矮了。有次孩子感冒高烧不退，导致昏迷一天一夜，龚黎明抱着孩子大放悲声，而丈夫不知身在何方。后来在同室病友的安慰下，龚黎明稳定情绪，按照医生吩咐，采用冰块物理降温，从大医院买来特效药，不眠不休陪伴孩子，皇天不负有心人，最后孩子转危为安。

第二天，要参加上岗证考试，定好的日子不容错过。孩子刚脱离危险期，需要人照顾，送幼儿园显然不合适，只好请来了孩子的爷爷奶奶照顾，龚黎明毅然决然地走向考场。

那天她憋着一股子劲，七筋八脉全通，出手如有神助，四项实验项项过，第一个走出实验室。再大的家庭困难，也没能撼动龚黎明平时勤学苦练打下的扎实基本功。

孩子两岁就送幼儿园了。有次，龚黎明加班，没人接孩子。孩子胆大，趁老师没注意，他悄悄地溜出校门，独自一人来到龚黎明单位。

孩子走进实验室，一眼看见龚黎明，激动地伸出两只小手、嘴里大喊着："妈妈，妈妈！"一下扑了过去。龚黎明一个激灵，一把抱住孩子，问："宝贝儿，你怎么自己跑出来了？"孩子不理会这些，只说"我要妈妈！"

幼儿园丢了孩子，顿时天下大乱，内内外外寻了个底儿朝天，也没发现孩子踪影，老师急得大哭。就在此时，龚黎明打电话告知幼儿园老师："……孩子到我单位来了，以后可要看紧孩子，万一走失了怎么办？！"老师只顾着连声说："好的、好的……"得知孩子没丢，才从惊恐和不安中解脱出来，仿佛重获新生般惊喜。

那几年，龚黎明白天上班，晚上带孩子，睡不好觉，身心俱疲，一米六四的个子，瘦得只剩八十多斤，仿佛一阵大风就能把她刮上天，而丈夫经常夜夜在外不归家。曾经轰轰烈烈、令人向往的爱情神坛，婚后变成了祭坛，日子过得一地鸡毛。

龚黎明不去考虑这些，她太能吃苦了，一心扑在工作上，毫无保留地挥洒青春。作为分析室主任，她要带领实验员，不断地开发新项目，并确保实验结果的真、准、全。她做事利落、果敢出色、高效快捷、忠于职守。因而当时的站长杨成刚说："开发新项目，龚黎明做我们放心！"

2002年夏的一天，龚黎明做完实验，洗玻璃瓶时不慎划破手指，流血不止，不得已到小药店买药，因劳累疲惫加上流血过多，诱发低血糖，顿时天旋地转，眼前一黑倒在地上，嘴唇乌紫。正在为她包扎手指的医生吓得惊恐不已，慌忙拨通了单位的电话，领导立马派李佩耕将她接回办公室。好在同事们有经验，赶紧冲了一碗红糖水喂她喝下，总算转危为安，领导和同事才松了一口气。

可龚黎明不以为然，清醒后又开始做实验，到晚上九点多才回家。

面对诸多困境，龚黎明咬牙坚持，以"锲而不舍，金石可镂"之志，为环保事业消得人憔悴，她从不顾影自怜，也不抚时感事，始终自强不息，永不放弃，实验做得风生水起、日新月异，与手中的试管度过了最美好的人生年华。

可她的婚姻纵然度过了三年之痛五年之离，却到了七年之痒的危急时刻。那个中秋节前夜，她一直没收到丈夫的回复。夫妻俩正如两条交叉过的线，朝着截然相反的方向，一去不回头。

中秋节这天，龚黎明和同事们从慈利县赶回来，本想一家三口高高兴兴过个中秋节，可老公却没有回家。

2005年，七年婚姻走到尽头。离婚这天，龚黎明带着孩子在外面将就一餐，然后陪孩子到澧水河畔去散步。黄昏来临，一轮凄美的落日，壮烈地落入水中，余晖反光，像是婚姻的最后一抹夕照。残阳如血，一河的凄凉都染上了殷红，龚黎明的心里也在滴血。她加班加点拼命工作，成天与强碱强酸等有毒药品打交道，那时没有专业手套，手皮烧得茧壳一层又一层，比杉树壳还粗。常年在家与单位之间奔波，不打麻将，不玩游戏，不逛街，不乱花钱，每月工资分成两份，一份留做生活费，一份为老公还赌债，堪称贤妻良母。

她没日没夜地辛劳奋斗，就是为了一家三口能过上安稳日子，可是一片苦心，换来的却是家庭破裂，劳燕分飞。

离婚后，房子抵了赌债，龚黎明带着孩子租房住，接送孩子上学，辅导孩子学习，操持家务，还有三病两痛等家庭困难，但从不影响工作，从不向单位提要求，该干嘛干嘛。

孩子的爷爷奶奶有什么头痛脑热都是龚黎明照顾，有什么新鲜好吃的东西,首先买给两位老人,逢年过节大包小包的礼物照样送,完全是离婚不离亲,左邻右舍都说他家祖坟冒青烟才遇到这么好的女人。

2008年冬,全国性的土壤污染大调查正要接近尾声,龚黎明、高峰、田丰、张华丽到桑植县龙潭坪垴尖上与湖北省鹤峰县交界的区域做土壤采样调查。这里贫穷落后,生活条件差,且人烟稀少。他们就近借住在当地村民家。

半夜三更,龚黎明和张华丽起夜。乡下茅厕都和猪圈、牛栏建在一起,这家的猪圈在院塌外的高坎下。她俩刚走到院塌里,突然两条狗从黑暗里狂叫着冲了出来,吓得二人魂飞魄散,直往后退。这一退,坏了,张华丽非常怕狗,比龚黎明退得快,慌乱中一脚踏空,叭哒就要掉往坎下,求生的本能使她慌中乱抓,两手一把抓住龚黎明的腿,将龚黎明一把扯倒在塌沿上。幸好龚黎明反应快,抓住塌沿上支撑晾衣竿的那根桩,两人像猴子捞月般连接着悬挂在塌沿上,吓得大呼"救命!"

这一"杂技"表演,反而镇得两条狗都哑了口,呆在原地惊奇地看着她俩的表演,像在观看人类的笑话。

高峰和田丰还有房东还以为是午夜惊魂,发生了凶杀案,三人循声而出,只见龚黎明上半身趴在塌沿上,集"洪荒之力"双手死死抱住那根木桩,张华丽双手抱住龚黎明的右腿,两只脚尖依靠岩墙的缝隙托着，她的情况还算好，关键是龚黎明的双手承受着两人的体重，情况十分危急。高峰和田丰两人几乎同时趴下，像老鹰抓小鸡一样，分别抓住张华丽的两只手，将她拽了上来。与此同时，龚黎明得以解脱，在高峰与田丰的帮助下，爬了上来。龚、张两人惊魂未定地呆坐在地上，许久说不出话。高峰和田丰用手电筒向下一照，足有三四米的高坎下全是横七竖八的棍棒乱石、破碗、破瓶渣，看得头皮发麻。

　　如今说起这事，龚黎明还引以为傲，她说，生死瞬间，人的反应比流星还快。人的潜能是很可怕的，一位母亲看见孩子从树上掉下，她奋力奔跑，一下接住，她当时的速度可以超过世界短跑冠军。坐在一旁的高峰，两眼注视着窗外，平静而淡然地说，那是青春的速度、青春的风暴，现在你试试，掉下去绝对变成一枚麻将骰子。

　　"是啊，一晃过去 29 年啦，我们已不再青春年少，但这些经历，无论苦与乐，能换来现在的山绿、天蓝、水清、土肥、花香，带给人们以环境优美、生活美满的享受，我就觉得人生无悔。"

　　如今龚黎明年近半百，仍然是监测分析室的一员老将，儿子在苏州科技大学毕业后，成功进入央企中建一局，这是她心中最大的满足。

　　采访龚黎明很偶然，那天下午，笔者到湖南省张家界生态环境监测中心五楼办公室采访完李文霞，正准备离开，与走进来的龚黎明不期而遇，她像干工作一样自告奋勇、敢于担当，一口气将她的人生、工作以及家庭状况，毫不忌讳地和盘托出。

采访结束，已经下班了，天下起了小雨，我没带伞，雨滴给我温暖的身体带来阵阵寒冷。挥之不去的是龚黎明和她前夫的故事，抬头看去，雨丝如帘，如泪。每个人的一生，如同此时，总会遇到一场猝不及防的淋头雨。

我不知道，龚黎明是否也有这种感受。

十六、守护生命的价值与多样性

　　他说："'世有伯乐，然后有千里马'，我虽不是千里马，但湖南省张家界生态环境监测中心的胡家忠主任绝对是我的伯乐。2020 年，监测中心计划在全市建立 36 个代表不同植被类型、不同植被群落生物多样性监测样地，需要一位动植物及生态技术专业人才作指导。胡主任到我们系统明察暗访，这一访就把我访出来了。"

　　对野生动植物专家谷志容的采访就从这段谈话中开始了。

一

　　26 年来，谷志容在八大公山研究、保护野生动植物的艰辛奔波中，练出穿山甲般强壮灵活的身体，像穿山甲一样敏锐的耳朵，像穿山甲那样高度警惕、闪烁着光芒的一双大眼，加上他千锤百炼出来的独特的巡山能力及判断力，对待困难，他像穿山甲觅食的舌头，不动声色间便能出奇制胜。因此人们送他一个"穿山甲"的外号。

他留着"陈道明式"的发型，低调的外表下掩藏着深不可测的智慧和才情。这位八大公山的"活地图"，在密林里找路，GPS 都不如他厉害。说到野外生存技巧或寻找动植物，他经验丰富，老练周到。

2020 年 5 月 10 日，湖南省张家界生态环境监测中心与八大公山自然保护区样地合作建设正式启动。这次合作，虽没有 2010 年与中国科学院 25 公顷森林生态系统生物多样性监测大样地的合作规模大，但这次样地涵盖植被类型丰富多样，海拔及经纬度跨度大，涵盖了张家界市不同海拔梯度及生境类型，犹如被打翻在宇宙的星辰，零散而统一。

样地建设之初，根据张家界市森林生态系统的特点，选取了常绿阔叶林、常绿针叶林、落叶阔叶林、针阔混交林、灌丛等 7 类代表性生态系统。通过系统规划，在全市范围内建设 12 个代表性样地，每个样地设置 3 个重复样方，即 36 个 20 米 ×20 米的生态样方。

湖南省张家界生态环境监测中心全员出动，在全市范围内寻找不同植被类型代表群落。通过近 3 个月的野外实地调研，终于找齐了这些镶嵌在大山里的明珠。按照样地建设技术规程，对确定的每块样地开展样方测量、安置界桩，对乔木、灌木编号挂牌，进行生物量的测定，架设掉落物收集器，安置动物红外监测仪，布设样地内样线及安置宣传警示牌等工作。经过一年半的持续建设，组建了张家界市生物多样性监测样地网络体系。这是全省 13 个市监测中心建立最早的一个样地体系。

为了寻找样地，有时要走几十里路，战胜许多难以预料的困难和险情，才能找到一块合适样地。

2021 年 3 月的一天，胡家忠亲自带队，谷志容引路，和高峰、田丰、梁鑫、胡俊、陈奇浪、胡浪共八个纯爷们，就像是迎合着西汉时在此地炼丹成仙传说中的八公人数。不过此"八公"非彼"八公"，他们不是来炼丹成仙，而是深入斗篷山原始森林寻找样地。一路上谈天侃地、身心放松，享受着大自然的无限风光。但林海浩瀚，树大林密不见天光，走得晕头转向分不清东南西北。当大家情绪有些低落时，走在前面的谷志容突然停下脚步。

"快看，这片金山杜鹃古树原生群落，不早不迟，在这里等着我们哩！"终于在一个缓坡上找到这片"常绿针叶林"。大家兴奋地扑进这片连绵不绝的林海，犹如走进一个绿色城堡，偶尔从树冠缝隙筛下一缕阳光都是绿色的。"哇塞，这些树真大啊！"田丰和高峰等人，激动地牵手合抱那些古树杜鹃，围围这棵，抱抱那棵，高兴得像一群孩子，围着古树杜鹃转来转去。大家欣赏完古树杜鹃，这才回到正题，开始摆弄仪器、扯起绳子、拿起工具忙活起来。不一会儿，谷志容的手机响了，有紧要事赶回斗篷山管理站。

通过几次练习，监测中心的参与者已基本掌握寻找样地的常规技术。谷志容走后，他们按照要求，一切照常进行。当七人忙完这块样地，回家路上，山上布满大雾，只能见到自己的手，其他什么也看不清，他们迷路了。胡家忠叫大家停下来，找个有信号的地方，给谷志容打电话。谷志容电话里说："莫慌，跟我说，你们身边有什么明显的标识物，现在摸得到什么树，脚下踩的是什么地？"

胡家忠大致说出自己站的地方是一片光叶水青冈古群落，地下是成片的箬竹，刚走过一条溪沟，从样地过来走了个把小时。谷志容听了，凭自己以前"来来回回不下百余次"的地形记忆，判断他们应该是在澧水源的三道水。他用电话"导航"工作队，指挥他们顺着右手一直下山，一直下，让他们顺利找到了方向。

"我这只'穿山甲'可不是徒有虚名的。"晚餐后，谷志容眯缝着眼睛，二郎腿跷起来，言语间的骄傲，从高度近视眼镜片中折射出来。

就这样，在他正确引导和严格的技术规程指导下，大家攻克一道道难题，几经磨难，2021 年夏，八大公山自然保护区 30 个固定样地，20 条监测样线，以及张家界景区的 3 个样地和永定区内的 3 个样地，全市布设哺乳动物监测 36 台红外相机，全面建立完成。

网络化监测在张家界市正式铺开，样地内纳入常年监测的木本植物 2 951 株，其中国家重点保护野生植物 6 种 87 株。监测到哺乳动物及鸟类共计 56 个物种、两栖爬行动物 37 种，拍摄记录到昆虫 300 余种，拍摄到大量动物的生态照片及视频。通过收集保存样地内种子并建立植物种质资源基因库，保存遗传多样性信息，为持续保护张家界生物多样性筑牢了基础，工作已初见成效。

2023 年 10 月，中国环境监测总站副站长郭从容一行对张家界生物多样性监测网络体系建设进行了现场调研，他们对湖南省张家界生态环境监测中心开展的此项工作赞不绝口，给予高度肯定。

扎实创新的工作得到了上级部门的一致好评，湖南省张家界生态环境监测中心，于 2023 年被生态环境部批准为第一批国家生态质量综合监测站——"国家生态质量综合监测站湖南张家界（森林）站"。

二

谷志容是 1974 年出生的白族汉子，中共党员，本科学历，高级工程师，现任湖南八大公山国家级自然保护区管理处科研所所长，他来自贺龙元帅的故乡——桑植县洪家关乡的谷家大院。

谷家大院由四个四合大院连接而成，四面分别都有气势如虹的高大槽门，属于天井式四合院的封火墙建筑，采用砖木结构，坐北朝南，东西对称，四四方方像个城堡。新中国成立后，里面共住了 57 户人家，除一家钟姓和一家杨姓外，其他家全部姓谷，因此叫谷家大院。遗憾的是，谷家大院古木建筑已被岁月侵蚀消磨殆尽，所剩旧址上，现已建成红军医院，以另一种风采屹立于世。

谷志容家是谷家大院里的大户人家，地广田多，家有余财；但美中不足的是发家不发人，他爷爷子嗣不旺，一生只育一男一女，谷爷爷每思及此都不免觉得有些遗憾。他信奉"但凡善行必有福报"的理念，于是慷慨解囊修桥补路、造福桑梓。一生共建三座石拱桥，打通了当地的交通要道，东西南北天堑变通途，为乡民南来北往带来极大方便。

后来谷志容的父亲成家后连续生下三个儿子，把他爷爷高兴得山羊胡翘起老高，非常自豪地说："我一生最大成就是修了三座桥，换来三个孙子，值啊，真值！"

谷志容当时还小，对爷爷的话似懂非懂，心想，原来我们三兄弟不是妈亲生的，而是用桥换来的。直到长大后才理解爷爷这句话充满了人生智慧。

谷志容的父母都是农民，虽不是富豪，可他们有一双勤劳的手，给予孩子最严格的家教和优良的家风，把三个儿子管教得品学兼优、勤奋上进、诚信友爱、孝老爱亲、勇于担当。三个孩子从小懂事听话，至今三兄弟都是不抽烟不喝酒不玩牌的"三不人才"。

　　谷志容五六岁就学会做家务，煮饭炒菜、喂鸡养鸭，用小塑料桶挑水，用小背篓背柴打猪草，成为母亲的小帮手。他从小做事勤快，淘气扯皮也是把好手，小学到初二懵懂阶段重武轻文，对读书不感兴趣，一心做着练拳习武的少林梦，初二期末考试成绩只有一门及格，把母亲气得浑身冒火，将他一顿暴打。终于打醒习武梦，谷志容初三发奋读书，成绩跃进年级前十，后来考上大学，成为生物多样性保护专业人才。

　　父亲是个不怒自威、气场强大的男人。谷志容小时怕父亲如同老鼠怕猫，直到大学毕业后才主动和父亲说话。

　　父亲是篾匠，用一双妙手编制家庭梦想，母亲则利用做农活的空余养了三十多年母猪卖崽赚钱。父母含辛茹苦、患难与共，成功培养出一门三个大学生，为国家输送了三位优秀人才，这一突出表现，成为当时谷家大院的一大亮点。

　　1998年，谷志容从湖南林业高等专科学校野生动物保护与利用专业毕业，当他接到上班通知时，尽管被分配到湖南八大公山国家级自然保护区管理处，但农村孩子能有这份工作，全家人高兴得像敲开的木鱼嘴——乐开了花！

　　八大公山1982年经湖南省人民政府批准成立省级自然保护区，1986年，经国务院批准晋升为中国首批国家级自然保护区之一，也是湖南省第一个国家级自然保护区。首任领导是广东人，中南林学院毕业的高材生、专家。自保护区成立以来，这里锻炼出很多动植物专家教授等精英人才，吉首大学的廖博儒教授就是从八大公山走出来的植物专家。

但第一天上班的经历，让谷志容大跌眼镜、终身难忘。他家离八大公山96公里，上班第一天，谷志容同一届分配上班的四位同事坐上单位安排的保护区运送物资的货车。人货混装，四人挤进货物空隙里，在拐弯抹角的砂石路上颠簸。冷不丁就被公路两旁的树枝劈头盖脸甩几"耳光"，吓得四人左躲右闪，惊呼不已。好几次差点被转弯的倾斜惯性甩成"空中飞人"。他们赶紧抓牢栏杆，仰卧在货物上。夏日的骄阳把他们烤得像地上的落叶蔫不拉几，饥渴难忍。最要命的是砂石路上的尘土猖狂得像喷雾器喷射的粉剂，专攻人七窍，四人早已面目全非。来到八大公山，几个人全身灰头垢脸，像背水泥的搬运工，脸不是脸，鼻子不是鼻子，只剩一双美目盼兮，左顾右盼来到领导面前报到，领导还以为是卸货的农民工。他就以这样的方式走上了工作岗位。

三

湖南八大公山国家级自然保护区管理处设在县城，林区设有五站一所，分别是天平山、杉木界、斗篷山三个管理站，楠木坪检查站，原始森林接待站，科研所。其中斗篷山管理站最偏远，条件最差，环境最恶劣。1999 年春，管理处领导提出"大学生到斗篷山锻炼去"，谷志容就成了斗篷山管理站的技术员。

那时，斗篷山林区不通公路，整个八大公山乡每天只有一趟班车，而且只到山下乡政府所在地。谷志容第一次去斗篷山，从洪家关坐班车到县城，再转坐去八大公山乡的班车，到达八大公山乡政府所在地砂地坪时已是下午 5 点，离斗篷山还有 13 千米，垂直海拔高差 700 米，要翻越两座大山，显然，只能在八大公山乡街上暂住一晚。

第二天一早，与来接应的刘元池站长一道采购好一个月的生活用品，正式向巍峨的斗篷山进发。还是正月，越往山上走，积雪越厚，雨雾越浓，尽管天气很冷，一路上山还是让汗水湿透了衣襟。爬了两个多小时，路上没见到一个行人，谷志容忍不住问站长还有多远，站长笑答："快了，这是黑湾，快到一半了"。听了这话，谷志容憋住的最后一点力气也全蔫了。

　　途经罗家台，远远地听见有狗在叫，大雾中看不见村舍。走近木屋时，屋里走出一家四口，站在门口和刘站长打招呼，热情邀请刘站长到家里歇息，还问这小兄弟是谁啊，站长说这是今年刚分到斗篷山管理站的小谷，从此药材场村的老百姓都叫我"斗篷山的小谷"。

　　别过徐家旺一家，继续向斗篷山进发。路上站长又忽悠谷志容，说："下完罗家台就到三河街了，我们赶场去"。一听赶场，谷志容像打了鸡血全速前进。下午4点，终于到达三河街，放眼看去，没有三条河，只有三栋木屋，心想，又被忽悠了。

　　最大的木房是唐双飞家，站长和唐家关系好，进门后唐家主人往火塘里添柴燃起大火，谷志容感觉身上逐步暖和起来。只听隔壁厨房里一阵忙碌，不一会儿热气腾腾的饭菜就上桌了。那晚站长喝醉了，两人只得留宿唐家。翌日早餐后，从唐家屋后开始爬坡，一路踏着积雪，七拐八绕，当你转一个弯以为快到了的时候，却迎面又是一个山头。走得头重脚轻，就像走进了无数斗篷迷宫（斗篷山的山头都像斗笠，走进去如同走进盖着斗笠的迷宫），只觉长路漫漫没有终点，像过了一个世纪那么久，这趟历经两天的艰难跋涉才终于结束，下午两点多他们到达斗篷山管理站对面的山垭上。

　　极目远眺，首先映入眼帘的是那一排气势恢宏的两层木楼。没成想，在千山万壑的斗篷山，竟然有这么大的木房子，这让谷志容深感错愕。

这栋房子，是原湘西自治州的"五七干校"，每层分前10间、后10间，两层共有40间，最多住过300多人。二楼的走廊是围绕房子连通的，四只角上方飞檐翘角，像四只焕发英姿想要展翅高飞的雄鹰，显示出激昂的斗志与十足的信心。

这里20世纪70年代前是无人区，后来成了流放"犯人"的改造地，成立了"湘西自治州药材厂"。这些人来到这个荒山野岭，除了国家供应的口粮外，其他的全靠自力更生。

斗篷山是八大公山海拔最高的山，最高山峰海拔1890.4米，荒凉得无法形容，除了山还是山，正如一首山歌唱的：山高树木多，出门就爬坡，地无三尺平，神仙莫奈何。下山送药材，回来时挑粮食来回走三四十里山路，天不亮出门，半夜三更才回家，走得两头黑。斗篷山海拔高，冬天特别冷，积雪时间长，头年12月下雪，第二年3月才融化。下山购粮更艰难，生活越发艰苦，所以有不少改造者成了饿死鬼、吊死鬼、跳崖的凶死鬼！在离管理站不远处的大山湾里埋了许多坟，后来人把这里叫作"犯人湾"。至今这片空有人涉足的阴森恐怖之地，透着一股鬼气。

当时管理站有五个人，正式工只有谷志容，副站长熊泽元和一位快退休的老同志徐家盛，另外两人是护林员。护林员不住管理站，除了巡山，他们很少来管理站。谷志容来到斗篷山后，前辈们提供了充裕的个人成长空间，几乎成了管理站唯一的常住人口，一人吃饱，全站不饿。

平时他带一把砍刀去巡山，穿山过界，深入大山，品味山野美食，尝试刺激探险，辨认树木花草，观看虫蛇野兽，体验大山守护神的福报，感受大自然的无穷魅力。

那时管理站"通信靠吼、交通靠走、治安靠狗"，没有电视，照明用电靠简易电线杆上牵的铁丝，经常被风刮断，几天没电，就用蜡烛照明，总之办法总比困难多。

谷志容年轻气盛，不怕鬼不怕仙，只和清风明月扯乱谈。一个人守着这栋年代久远、风一吹嘎嘎响的40间老木房。小时做家务的本事在这里发挥得淋漓尽致，自己做饭、洗衣种菜、捡柴挑水，一年365天，除了偶尔下山采购外，其他时间都在山上做自己的"山大王"。山上的日子很少碰到人，偶尔领导突然来访，谷志容巡山回来，背一捆柴走到山垭上一看，管理站的门开着，眼睛一亮，心里格外兴奋。走到管理站，见到领导，四目相对，谷志容由于平时说话机会少，见人竟然忘了自己的语言能力，倒是领导一声"小谷，辛苦了！"启发了他尘封已久的说话功能。于是像久违的孩子见到娘，温馨的氛围，真挚的情感，生出无尽的感慨和喜悦。那一夜，谷志容的话特别多。

第二天谷志容竟然唱起歌儿去巡山：

大王叫我来巡山，我把人间转一转。

打起我的鼓，敲起我的锣，生活充满节奏感。

大王叫我来巡山，抓个和尚做晚餐。

这山涧的水，无比的甜，不羡鸳鸯不羡仙。

……

在斗篷山两年，谷志容看见的动物远比见的人多。一个大雪封山的日子，他一个人站在二楼走廊上，看见两只饿慌了的毛冠鹿跑来，吞食他倒在雪地上的剩菜剩饭，终于在家里能见到活物了，他觉得无比亲切，希望它们每天来这里觅食。

有一天晚上，因为巡山累了，谷志容头挨枕头就睡着了。不知睡了多久，突然被"咚咚"一阵巨响惊醒，他以为是风吹门窗的声音，放心地继续睡觉。刚躺下，只听"咚咚"又在响，他坐起来听，一会儿外面好像有走动的声响，声音是楼下厨房里传来的。接着急剧地撞门、伴着"呼咚"一声巨响后，再没动静了。为了探个究竟，谷志容穿好衣服，下楼来到厨房边，用手电筒一照，好家伙，厨房门敞开着，一只大黑熊冲出厨房，嘴里叼着一瓶蜂蜜，很快消失在黑夜里。

这瓶蜂蜜是谷志容在村民家买来孝敬父母的，没想到什么时候被黑熊盯上了。真是山精水怪，厨房里有蜂蜜都判断得如此精准，说它的嗅觉、听觉能判断出半公里以外的气味和动静，千真万确。

经过这么一折腾，谷志容回到床上，久久无法入睡，听荒山野岭的野猫叫、飞狐直着嗓音学鬼叫，猫头鹰发出哭一样的喊声，还有许多不知名的怪兽异鸟发出不同怪叫，胆小者必定吓破胆，可谷志容觉得这是自然界最优美和谐的交响乐，是难得的"天人合一"的时刻。

第二天下小雨，谷志容披了件红色塑料雨衣去巡山。都说红色可以辟邪，但这次不是辟邪，是把黑熊差点吓疯了。谷志容翻过一个山垭，与迎面而来的大黑熊不期而遇。这一突发情况，人熊同时惊呆，谷志容毕竟比熊反应快，他抖起身上的红色雨衣，对着黑熊跳起"狮子舞"。"咚咚咚……咚不咚、咚不咚……咣咚、咣咚……"将叉步、跳步、开合步、麒麟步、探步等动作，舞得流畅有力、威武雄壮、勇猛狂野，舞得塑料雨衣如同燃烧的红色火焰，黑熊打娘胎生下来还是头一次见，不知是何方怪物。"哎呀！我的个熊妈啊！"吓得哭爹叫娘飞身而逃。

与动植物打交道久了，谷志容对山上的动植物种类及分布情况、生存习性，都了解得八九不离十，还与它们形成灵犀相通的相处方法。谷志容说："山上的动物，人不打它们，它们也没有闲心找人打架，上天更没赋予它们和人说理的智商。它们凭灵敏的嗅觉、听觉判断来敌，一旦闻到人类气味便主动避让或向人类发出声音警告，更惧怕与人类相遇。"

一天，谷志容一个人悄无声息地进山，刚走到杜鹃岭，突然听到前方30米处响起黑熊低沉冗长的吼叫声。从声音判断出，这是黑熊向人类发出的警告声，意思是："俺黑熊一家在此，请莫打扰！"谷志容赶紧停下脚步，站原地不动。不一会儿，果真有两头黑熊走下山坡，身上黑色毛发在阳光下闪着幽幽蓝光，与周围的绿色植被形成鲜明对比。它们的背脊挺拔而有力，宛如一座坚固的山峰。它不时地抬头张望，审视着周围的一切。还时刻竖着警惕的耳朵，捕捉空气中任何一丝细微的声响，来维护自己的安全。两只黑熊迈着沉稳而坚定的步伐，从容不迫地向山湾深处走去。

谷志容每次进到山前，第一件事就是伸长脖子扯起喉咙打几声喔嗬或吹几声口哨，像古代官员出行，以此提醒动物们，大王来巡山，请"回避、肃静！"

有一次，他忘了打响动发信号，走进一个山湾里，猛然见一群野猪在拱吃蕨根，双方只相隔十米左右。谷志容赶紧趴下观察，可以看出，这是一家子，一公一母两头大野猪带着九头猪崽，在这里举行盛宴。那头公野猪可能有两三百斤，脖子上的鬃毛黑粗，竖起像钢丝刷，身体壮得像河马，宽厚的背板上可以躺下一个人，两只竖起的招风耳、一对贼亮的小眼睛，以及那个翘得像犁辕的大长嘴和一对杀伤力极强的獠牙，令人不寒而栗。

也许山上的日子实在太枯燥、太乏味，也许年轻人实在需要一场刺激排解孤独寂寞，谷志容居然做出大胆决定，趁野猪还没注意，他提着砍刀，一个箭步冲进野猪群，以猛虎啸天之势大吼一声，吓得那些野猪四散而逃，以为遇到从天而降的二郎神，有几头野猪吓得臊尿长流，可谷志容像恶作剧得逞的顽皮的孩子，忍不住开怀大笑。

不过很多老护林员都没谷志容这般胆量。2000 年秋的一天，年过半百的老护林员徐家盛背个背篓，带把刀去巡山。走到一棵板栗树下捡板栗，捡着捡着，树上不时掉下没炸口的青栗包球，他觉得蹊跷，抬头一看，哎呀，我的个娘唉！一只黑熊正坐在树桠上摘板栗吃。徐家盛丢下刀和背篓，连滚带窜跑回管理站，三天后他才敢和谷志容到山上把刀和背篓取回，自此再不敢单独巡山。

冬天大雪封山，谷志容就坐在床上看书，边看边做笔记，把《植物学》《中国植物志》《动物学基础》《动物遗传学》《动物繁殖学》《生态学》等书反复学习钻研，然后在大自然的实践中，将书的内容消化悟透，成为自己的智慧和才干。

为了保护野生动物，拯救珍贵、濒危野生动物，保护生物多样性和维护生态平衡，推进生态文明建设，促进人与自然和谐共生。1988 年，国家出台了《中华人民共和国野生动物保护法》。但在血色红利的巨大诱惑下，仍然有盗猎者在暗地里活动，利用放夹子、使套子、投毒物等手段夺取飞禽走兽的性命。谷志容不止一次救下许多灵禽野兽，让它们免遭火烹水煮。每救出一只活泼可爱的鸟或兽，他有一种类似警察救出一名被绑架者或被伤害者时的欣慰和自豪。

有天巡山，他走到一个山坡上，听到草丛里传来"吱吱叽叽"的叫声。谷志容循声寻找，发现一只土话叫"混猪子"的猪獾，被夹住了腿，正在垂死挣扎。他立即奔过去，只见猪獾精疲力竭地趴在地上，喘着粗气，脸上白色斑毛也有些皱皱巴巴的，完全没了往日的精气神，用一双小眼睛向谷志容投来七分惊恐、三分求助的目光。

很快，谷志容把它从夹子上救了下来。这时才发觉，猪獾的腿被夹骨折，赶紧将它用篓子装起，直奔管理站那个能遮风挡雨的木房里。按照在大学里学习的救助治疗方法，用酒消毒，再涂上云南白药，用纱布稳骨包扎，然后用大木桶垫上旧衣服做它的"卧室"，不过还得盖上一块板子，每天换药，像服侍孩子一样照顾它吃喝拉撒。

没想到这个野性动物，竟然出奇地安分；谷志容每天巡山回来，第一时间去看猪獾。有猪獾的日子不再寂寞难耐，如同有人陪伴一样快乐幸福。

一个月后，猪獾康复，谷志容抱着猪獾来到当初救它的地方，将它放回大自然。

可那天谷志容回到管理站，这个堂堂男子汉竟然莫名其妙地生出一种怅然若失的感觉。

一个星期以后的一天晚上，谷志容坐在房间看书，突然听到门口有抓挠声，他的反应先是紧张，以为遇到传说中的半夜鬼敲门。仔细一听，还有叽叽吱吱的叫声，原来是猪獾。谷志容打开门，一只猪獾披着月色站在门口，原来就是被自己救的那只猪獾，这让谷志容有点百感交集，"天啦，你怎么来了！"谷志容像见到久违的老朋友那样激动地说。猪獾走进房里，这里闻闻，那里看看，还在谷志容的腿脚上蹭来蹭去，表现出无限柔情。几分钟后，它觉得深夜来访、多有叨扰，只得向门外走去。走到门口回头看着谷志容，叽叽吱吱叫了几声，像在说："救命恩人，我走了，下次再来看你！"

谷志容跟着猪獾来到室外，目送猪獾慢慢离去，情不自禁挥手送别，像送别一位老友一样难舍难分。

后来每隔一段时日，猪獾就会不时地来探望他，有时清早来，有时晚上来，谷志容特意喂了它不少好吃的。直到谷志容调走时，还特别交代管理站的接任者，切记不要伤害这只有灵性、聪明，有着高情商的猪獾，让这个"人与动物和谐相处"的故事得以延续，成为永恒。

谷志容守在管理站连续两年春节没有回家过年，为了看中央电视台的春节联欢晚会，他穿过茫茫林海，踩着没膝深的皑皑白雪，犹如《智取威虎山》里英雄虎胆的杨子荣，走七八里路到附近山上百姓家看电视。

看完晚会，又"啪嗒啪嗒"踏着积雪赶回管理站，他就是用这种气冲霄汉的豪情壮志和坚如磐石般的意志，默默守护着这片土地的生机与和谐。

四

2000年年底，谷志容光荣加入中国共产党。

2001年春，他被调往天平山任八大公山林业科学技术研究所副所长；2002年，任所长，并立即投身到更艰巨的挑战之中。

2006年7月的一天，老天一直阴沉着脸，仿佛传递着不良的信息。

谷志容和田连成、覃必武两名同事上山采集植物标本。三人一路寻找来到干溪沟，发现一蔸石韦长在沟坎上。谷志容站在岩巴上，踮起脚尖伸手去采，抓到石韦用力一拽，脚下猛然一滑，身体后仰倒下，摔了个"四仰八叉"。他的腰刚好顶在一块凸起的石头上，头倒插在一堆沙子里，手上还拿着石韦。万幸的是，谷志容的头没撞到石头，否则，即便不是脑浆四溅，也会头破血流。周围都是高低不一的乱石，他整个身体圈在石堆里，呼吸困难，说不出话，以为自己要死了。

覃必武和田连成赶紧将他抬正，让他平躺在沙子上。过了许久，他才慢慢爬起来，两位同事搀扶着他慢慢走了回去。事后也没在意，以为只是被石头伤了肌肉，腰就那么痛着，事还那么做着。两个月后痛感似乎轻了。但后来经常腰痛，变天时腰痛，提重东西更痛，三年后实在扛不住了，才去医院检查。医生问他的腰是否受过外伤，这才想起那次摔跤的事，原来这一跤将他摔成椎间盘突出，终身受难。

野外调查，不仅有难以预料的凶险，而且对人体膝关节伤害极大。每天不停地上坡下坡，不停地走路，从而加速钙质流失，导致膝盖软骨严重磨损，老护林员百分之七八十的人都有膝盖疼的职业病。

2016 年，谷志容双膝疼痛难忍，上下坡像针刺一样痛。检查结果双膝关节骨质增生，不惑之年竟然患上老年病，对他这个"山大王"来说，是极大的痛苦和磨难。

2018 年 5 月，湖南省植物园专家到八大公山保护区开展资源本底调查，对极小种群长果秤锤树进行培育保护。长果秤锤树是珍稀植物，属于世界自然保护联盟濒危物种红色名录中的濒危物种，仅分布于中国的局部地区，如湖南石门、桑植及湖北秭归等地，由于森林破坏及栖息地丧失，这种植物在野外的数量非常有限。这么重要的工作，谷志容肯定不能缺席，可当时右膝痛得不能走路，他只好求医生打封闭针，医生问他是不是不打算要这条腿了？

谷志容知道打封闭针只是一种麻痹性治疗，实际上是对膝盖的更大损伤。但他说这是难得的学习机会，不能错过！

走出医院，他连续四天陪他们满山满岭跑，对长果秤锤树种群里的附生藤蔓植物进行清理、"开天窗"做生境改善，还扦插及采种育苗，为扩大种群、把繁育的种苗回归到原生地。

两年后，左膝盖比右膝疼痛变本加厉，无法动弹。他又去找医生打封闭针，医生警告说："你再不能爬山了，住房也只能买电梯房，如受伤，就准备坐轮椅吧！"

谷志容仍然青山不改，打完封闭针，又陪专家、学生上山，搞植物资源调研、监测、引种、育苗、栽树，在大自然中为珍稀植物开辟新天地。

有一天，谷志容带着教授专家、学生，到五道水镇岔角溪村高山上采集长果秤锤树种。这棵树生长在石灰岩悬崖边，一抱围大，光棍树干有近五米高。来之前低估了树的高度，没带梯子和绳子。大家望而却步，看看树冠又看看树外面的悬崖峭壁，无人敢爬上去。谷志容顾不得自己腰疾、膝盖疼的双重阻力，两手抱住树干，双脚跨在树干两边，像黑熊一纵一纵向上爬去。快爬到分枝时，由于用力过猛，他突然觉得腰上像尖刀刺了一下。眼看只剩半米之差，他不想放弃，拼尽全力向上一纵。坏了，腰椎一阵剧痛，下肢失控，两腿无法用力，整个人从树干上滑了下来。这一惊变，把所有人吓得魂飞魄散。生死攸关，谷志容把所有力气集中到两只手上，死死抱住树干，任其下滑。

快滑到树根时，因树干略有外倾，他的身体不自觉地偏到悬崖那边，眼看就要掉下去，求生欲望和多年野外操练的本事使他飞身一跃，一把抱住悬崖边一棵碗粗的青冈树。他成功了，只是整个身体像腊肉一样挂在悬崖上，情况万分危急，如果手一松，必定粉身碎骨灵魂升天。专家、学生们见状，一起冲过去，七手八脚，扯的扯，拉的拉，把谷志容从悬崖上捞了上来。

谷志容被腰痛与惊吓同时击中，躺在地上动弹不得，躺了片刻，还是无法起身，在专家、学生们的搀扶下才站起身来。痛得龇牙咧嘴仍不失绅士风度，幽默地说："今天真算捡回一命，承蒙老天垂爱，保我性命继续守护八大公山。"

五

"生物多样性资源本底调查与监测"是谷志容最早开展野外调查研究的内容，也是他付出时间精力最多的一个方向。尤其是与中国科学院武汉植物园的合作，成功建成中国第一批、湖南省第一个25公顷生物多样性监测大样地，这一开创性业绩就是谷志容极力倡导引进的。

2009年12月，中国科学院植物研究所研究员、博士生导师、国际生物多样性计划中国委员会秘书长马克平来张家界出差。他的学生严岳鸿是谷志容的同学，他向谷志容透露，中国科学院在全国要建生物多样性监测大样地，其中能代表华中地区的一个点，选了3年还没着落。得知这个消息，谷志容主动拜见马克平老师，并大胆向马克平老师推介八大公山保护区的天平山，因为那里具有"交通便利、地势较平坦、原始天然常绿落叶阔叶混交林物种丰富"等有利条件。

2010年1月，马克平老师派遣7人团队来到八大公山，踏着冰雪冒着严寒，走进茫茫林海实地考察。

湘西北桑植县与湖北恩施土家族苗族自治州接壤之地八大公山，从卫星地图上俯瞰，是一条狭长的葱茏绿色。从这个冬天起，绿色区域东北向的天平山，将有25公顷成为特殊森林——"亚热带常绿落叶阔叶混交林"永久监测大样地，消息已于2010年1月20日公布于世。

为了寻找最合适的那块边长500米的"正方形"，谷志容陪着整个考察团队走了三天。

寻找样地的创举，被《潇湘晨报》记者全程跟踪报道，以《雪覆八大公山，一次寻找"样地"的植物漫游》一文与读者见面，现部分摘录如下：

......

2009年12月28日，天平山静夜，所有人围着一炉旺旺的火，翻烤着各自被雪水湿透的鞋袜。之后两天的大样地选址考察，重复着这样的场景，只是，白天所走山林，各不相同。其实，这只是 5 位植物学家为"中国森林生物多样性监测网络"大样地第一次至八大公山实地考察，初步选址，"若合适，建设前还要进行更周密的勘察"。

大样地的选择要求严苛。八大公山幸运进入考察视野，除去其本身独特地理位置及良好植被保护，也得益于中南林科大教授喻勋林的力荐，他认为此区域"亚热带中山常绿落叶阔叶混交林"相当典型，"山原台地，坡度平缓，做大样地相当理想"，神农架、壶瓶山也有原生林，但都"面积不大，又陡"。

62 岁的田连成带领队伍去看这"相当理想"的林子。自 1967 年便待在此山的他，几乎熟悉每一处沟沟壑壑。出发前，依据他的山林记忆，专家们在一份黄海高程、等高线间隔为 10 米的测绘图上，初步圈画出三处最有可能的样地备选地。为将来方便打样，地图上，是三个规整的"正方形"。三天考察便是深入此三地。

2009 年 12 月 28 日，从小庄坪住处沿公路东北向行进 2 公里，科研站前山右转进山，翻山脊，沿尖嘴河往下游走，至黑槽，4 公里路程。

12 月 29 日，考察的是尖嘴河源头及周边。从车坝、尖嘴河至小黄安溪、大黄安溪，9 公里的路程，队伍走了一整天。

12 月 30 日，从科研所出发，经洋姜坪、珙桐湾、瞭望台、大顶坪、小顶坪、潭坪，穿插在桑植与湖北鹤峰容美镇两省地界，队伍包了一个 9 公里的圈，都不尽如人意。

　　然而，最终天平山让人欣慰，因其保护较早，原生林众多，富余到"可供选择"。2010 年 1 月 21 日，中科院植物研究所副研究员米湘成从北京反馈信息，监测网络负责人马克平研究员最后决定大样地建立在第二天所探察的区域内，八大公山保护区科研所长谷志容测定其大致经纬度为 E110°05′06″～110°05′24″，N29°46′～29°46′16″。这块边长 500 米的正方样地，面积约占整个八大公山保护区的千分之一。

　　所走之处，皆无路，田连成领着我们"逢山爬山，遇水蹚河"，又似乎处处是路。虽然阳光很足，阴坡的雪，依旧很厚。不到一小时，众人鞋子皆渗入雪水，手则一直在抓取雪中任何可攀援的东西，恒久保持冰凉。河谷中光溜溜的石头上结着冰，登山鞋踩在其上犹如天然溜冰场，加倍地小心，依旧是不停地惊滑，一行人幸福地湿身了，乐呵呵地继续赶路。

　　谷志容说："这可能是最安全的季节了，若是夏天，此刻所穿过的林子，无数蚂蟥会在身上跳舞；头顶的稠李树上说不定正坐着只黑熊；土话叫五步蛇的尖吻腹本生活在海拔 800 米以下，但现在天平山海拔 1300 米的地方已常见到它的魔影。"

　　冬天的山野，唯一看到的，就是尖嘴河附近山坡上，两个新鲜的野猪所拱的洞，以及在珙桐湾附近雪地里，惊喜地看到毛冠鹿或者小麂的脚印。

只有植物，一直在。

谷志容的同学、湖南科技大学蕨类专家严岳鸿副教授，一路扫视着他心爱的各种蕨。他说："褐柄剑蕨、耳羽瘤足蕨都是根据外形来命名的，很好认。"果然，很形象。江明喜研究员也如愿找到一丛蛇足石杉。

喻勋林教授这次采回一株带花萼的卵叶报春。他多年前曾在这里看到过湖南特有种单花唇柱苣苔，稀有的异叶点地梅，以及湖南新记录种黑龙骨、短序鹅掌柴、长翼凤仙花等。在他眼中，"至今并未完全弄清楚八大公山"。

除去"保护植物32种，加上全部兰科植物56种"，其余的普通植物，也在此片乐土欢快成长。到处都是吉祥草、大叶金腰以及各种蕨类，岩边散布裂叶星果草，路边不时冒出红果树、海桐、茵芋，沿阶草则有着蓝幽幽的果子。西南山茶肆意地开着白色的花，四川杜鹃占据着大顶坪下来长长的河谷，几乎可以想见四五月间动人心魄的美好。若是7月，小顶坪护林班附近，休憩时可以顺手摘黄毛草莓吃。

尖嘴河上游附近无人区，成为样地考察的最终理想之地。

这里可以为胸径1厘米以上的木本植物提供登记、鉴定、终身保护的社区。

当日所见，灰色的落叶林与绿色的阔叶林随意交融，亮叶水青冈高大挺拔，随处可见，为优势种群。其他多有多脉青冈、细叶青冈、香桦、稠李、水青树、四川杜鹃、巴东栎、云锦杜鹃、川鄂鹅耳枥、西南山茶、山矾、南烛、檫木等共生。

这25公顷样地中，"有70～100种树种，近10万株需监测"。他的愿望则是，"要打个50公顷或更大的就好了，把黄连台都包进来，峡谷里物种更丰富"。

在所有被选中做样地之处，犹如被人类成立了"植物社区"。或许今年春天，就将进行细致的地形测量。样地并不会被围起，只是"为了方便判别方位，会用水泥桩将其隔成20米×20米的小格子"。

米湘成副研究员指着林中树木，"凡是胸径1厘米以上的植物，都是我们的研究对象。"从此，这些"社区居民"都会被一一登记，并细致记录成长状态，鉴定其物种"家庭"归属，为方便以后找到它而进行坐标定位与编号，每棵树上都要钉一个身份标牌。当然，拍照必不可少。从此，在研究系统里，每位"居民"都有属于自己的一套详细身份资料，且很可能是终身的。

工程量浩大。卢志军博士曾在古田山一个5公顷的小样地，光打样就花了"30个人整整一个月的时间"。按此推算，天平山大样地也许将需要4500个人工的努力。

所要做的，还不止如此。依照之前国内四个已建成大样地的经验，我们眼前的林中，也许还将"设立150个以上的种子雨收集器（Seed trap）和450个以上1米的幼苗监测样方。"或许，还有红外摄像头，记录那些山野中动物的真实玩闹。这些大小样地，每5年将进行一次全面复查。

这是一个异常缓慢的进程。100年、200年、1000年，或许突然就看见了，植物、大地与人类的那些密码。

或许很远的未来，是真正价值所在。

谷志容全程参与其中，从选址、测量、定界桩、每棵树木挂牌调查，生物多样性监测样方的建设技术规程等全部掌握，把自己练成了一位经验丰富的生物多样性监测专家。样地建成之日，滴酒不沾的谷志容高兴得举起酒杯，为自己的努力付出换来的这份功在千秋的功业而一醉方休。

六

俗话说，树老生虫，人老无用。桑植八大公山一株胸径120厘米，树龄过400年的珙桐树，根基部有1米多高、1尺多宽一块树皮脱落了，露出朽木一样的树干，像人的皮肤腐烂后露出骨头那样令人心痛。

这个能把桑植话演绎得风生水起的科研所长谷志容，他用总带点儿化音的普通话向省林业厅汇报时说，"珙桐王儿是世界上最大的"。为了遏制从树干基部开始的树皮腐烂，他带着保护区的工作人员引开了直接冲刷树根的山泉。但因救治而引起一连串的问题却让谷志容无所适从。

"为突出地表的树根覆土，会不会改变'珙桐王'的生境？""怎样治，既能杀虫又不伤树身？"

腐烂并没有因谷志容的顾虑而终止，只是愈演愈烈。如今，腐烂面积已蔓延至主干三分之一。"珙桐王"到了不得不治的地步了。

5月18日，谷志容来到500公里外的湖南省会长沙。从湖南农业大学，到省林业厅，再到省林科院。每到一处，谷志容总是小心地将昆虫标本和虫害图片放到他一路打听到的昆虫分类、森林病虫害防治和古树保护专家面前，然后介绍、倾听。

当他找到大病初愈、已退休在家的省林业科学院研究员、知名古树专家侯伯鑫时，侯老当即表示："这可是'国宝'，得去现场看看。"

谷志容将珙桐伤口上采集的标本送到省林科院鉴定。5月28日，侯伯鑫对昆虫标本作出了鉴定，其结果印证了他先前的观点，古树因虫生病。标本中，除七种腐生性昆虫外，有三种害虫：天牛、扁薪甲和二纹土潜。

5 天以后，谷志容和两位同事陪侯老进入保护区。侯老上一次走这条路，还是 27 年前。那时的侯老正值壮年。如今，近 30 度的坡地已让这位 65 岁的老人腿脚吃力。

在与侯老的相处中，谷志容得知侯老与这株古树有 27 年的老交情。1984 年，侯老作为省林业厅古树资源考察组的领衔专家，曾对这株古树的胸径、树高、冠幅、树龄等指标做过实地测定。

谷志容还了解到，侯伯鑫 1997 年成稿的《湖南古树资源考察研究》论文中，记载了持续 16 年的考察，侯老和他的团队共为省域范围内 4 550 株，胸径 1 米或树龄 300 年以上的古树建立了档案。其中，地处湘西北张家界市的桑植县有古树 73 种 780 株，占全省古树种数的 36%，株数的 17.1%，是全省古树资源最多的县域。在桑植拥有的 73 种古树中，有全省胸径最大的古树 31 种，其中有 6 种就分布在桑植八大公山国家级自然保护区。

"珙桐湾"海拔 1 514 米，地处中亚热带的山湾湿度依然很大。有山蚂蟥悄无声息地钻入裤管，或落进衣领，猝不及防。山路边，同为第四纪冰川孑遗种的钟萼木，花期正盛。一蔸两干的"珙桐王"，在一片苍翠暗淡中渔叉般挺立。唯有裸露、横过步道的根部，因长时间人为踩踏，幽幽地反着光。谷志容说，"现在珙桐王一年还结几百斤果"。

揭开"珙桐王"腐烂的树皮，条纹状的虫害蛀斑密布。散碎的腐殖质中，有史氏盘腹蚁正在雾雨中搬运乳白色的虫卵。掰下的树皮中有蛀孔，通体黑色的小蠹虫在它的天地里蠕动。高处，有坏死的树皮已开裂。近处裸露的树干上，也有蛀洞。侯伯鑫熟知这些蛀洞，"是天牛的窝"。天牛成虫不害树，但它们习惯将卵产在树干中。幼虫蛀干生长，却破坏了树木输导养分的韧皮部。

侯伯鑫强调："蛀干害虫是一定要杀的。"救治，是从用甲基托布津给树体消毒开始的。随后，侯专家指导保护区工作人员在基部以上约1米处，环绕树干打了四个2厘米深的孔，然后注入树体杀虫剂。之后观察，等待。

约两小时后，有天牛成虫、小蠹虫出现在干枯的树皮下。刚刚大病初愈的侯伯鑫笑谈，"这次杀虫，至少能让这棵树多活50年"。谷志容闻言，满脸堆笑。

"两天后，各个小孔再插入一支杀虫剂"，侯伯鑫说。

一场保卫"珙桐王"的杀虫救治战胜利结束。

6月3日夜，谷志容在电话中向侯老汇报了"珙桐王"救治的最新进展：2米以下的腐烂树皮已去掉，并涂施了增皮素促进树皮再生。下一步的工作主要分两项进行，解决高处腐烂树皮剥除的难题；步道改线，树根松土、施肥，让古树自然复壮。最后还补充一句："收拾了一下，'珙桐王'清爽多了。"

至今这棵 400 岁的"琪桐王"还健康地活着，欣欣向荣，每年都开花结果，繁衍后代。

七

谷志容刚任副所长这年，他就被中南林业科技大学、华中师范大学聘任为校外指导老师，每年带这些高才生做实验监测，野外搞调研。保护区和华中师范大学合作建有一个两栖动物繁殖、产卵、成长期的观察研究基地。谷志容陪他们一起在大山里搞资源调查指导、参与数据收集、监测等。二十多年来，谷志容一直战斗在生态环境保护第一线，不仅像穿山甲驰骋纵横在八大公山的山山岭岭、沟沟岔岔，更像一位老山神，天上的仙、地下的鬼、林间的兽、水中的虫、山上的树草……什么都知道，讲不完。

他讲课风趣幽默、耐心细致、生动精彩，学生都爱听。比如一条细小的山蚂蟥，将它放在一块小石头上，左手托着，"请大家免费欣赏蚂蟥舞。别看它是麻绳细的一个软体，可凭热感反应就知道自己在热血动物的包围之中。你们看它激动得死去活来，在石头上爬来爬去，随时准备冲锋陷阵吃一顿百年一遇的饕餮盛宴"。他把右手伸在石头上方，山蚂蟥就"噌"地一下站了起来。"大家看，它会随着我的手移动而摇摆、拉身段、下腰、左旋右转、犹如舞蹈《十面埋伏》中的'黑白韩信'、章子怡的'水袖击鼓'。天啦！这哪是什么山蚂蟥，分明是八大公山的生物精灵！"

谷志容将这段"蚂蟥舞"描述得惟妙惟肖、栩栩如生。

将俗名癞蛤蟆、学名蟾蜍的求偶场面，演绎得更加逼真感人。他说："每年立春到惊蛰的时候，天平山冬眠的中华大蟾蜍便群聚于潭坪溪沟里。雄蟾蜍大声鸣叫，向雌蟾蜍求偶。为争夺交配权，三五只雄蟾蜍与一只雌蟾蜍抱在一起，体小力单的雄蟾蜍被强者战败，最终一只雌蟾蜍背着一只雄蟾蜍慢慢远去。一大一小，大的是母，小的是公。公蟾蜍趴在母蟾蜍背上，前脚紧箍着母蟾蜍的脖子，公蟾蜍的腮帮和两只前脚一直鼓着，而母蟾蜍双眼微闭，一副很享受的模样，无论翻滚蹦跳都不分离。最后，母蟾蜍背着它的小情郎，奋力一跃跳入溪水中。成千上万只中华大蟾蜍聚集在一起，求偶争宠搏杀的激烈场面非常壮观震撼，形成'群蛙聚会谈恋爱'的自然景观。有的雄性蟾蜍激动得直立而起，举起两只灵活的前爪，向雌性蟾蜍如同拥抱一样扑过去……"谷志容边说边情不自禁手舞足蹈起来，两腿弯曲下蹲势、翘臀挺肚，双手举至头两侧前后扇动，活脱脱一只激情难耐雄性十足为爱疯狂的公蟾蜍，奔跑着冲向爱的狂涛骇浪……听课的学生被这只活灵活现的"癞蛤蟆"逗得捧腹大笑。

这些学生很快和他成为好朋友，"谷所，谷所"叫得亲甜，也使这些学生的研究成果颇丰，写出了高质量论文及实验的专项研究报告，高兴而来，满载而归。

这些年来经他教过的学生不下千人。和这些"985""211"高等学府走出来的研究生、教授、专家人才一起搞调研、做学问，谷志容自己没两把刷子，那是万万不行的。因此，他就得不停地学习，为自己补充养分，白天野外调研，晚上看书查资料、写论文，日夜轮轴转。他还挤时间接受专业系统的正规学习。2004年结婚后，他又到中南林业科技大学读了三年本科。这三年，他像饿狼扑食一样扑进知识的海洋里，如饥似渴地狂学猛读，把《森林生态学》《林木育种学》《林业遥感与地理信息系统》《森林抽样调查技术》《野生动物保护与管理》《资源昆虫》《土壤理化分析》《经济林学》等知识的点点滴滴吸纳进脑海中。同时将自己丰富的知识与多年来亲历八大公山现场实况紧密结合、灵活运用，逐步转化出以下惊人的工作成果：

2001年，参加保护区国家公益林区划，被评为"全省森林分类区划界定先进个人"。

2003年，主持编辑八大公山自然保护区2003—2008年《管理计划》。

2004—2005年，参加历时两年的保护区综合科学考察工作，拍摄采集到湖南新记录植物5种。

2006—2013 年，负责国家自然科技资源平台项目保护区标本标准化整理、整合及共享试点项目，共调查采集整理保护区生物标本 2.8 万余份。

2010—2013 年，引进中国科学院在八大公山自然保护区建设 25 公顷森林生态监测大样地项目，参与大样地为期两年的前期建设及后期项目跟进；探索建立了保护区信息化巡护管理体系；负责保护区森林资源二类调查工作。

2014—2015 年，主持编辑保护区 2015—2020 年《管理计划》；参加保护区综合科学考察，参与《生物多样性研究与保护》编著工作。

2016—2017 年，负责保护区建设项目环境监察相关工作，规划制作出保护区生态红线 GIS 本底图。

2018—2020 年，与中南林业科技大学王德良教授合作开展华中亚高山珍稀雉类繁育与野放研究项目，共繁育成功红腹角雉、勺鸡、红腹锦鸡、环颈雉等六大种类 130 余只成体；与湖南农业大学黄国华教授合作开展了八大公山蝴蝶、蛾子和甲虫多样性调查及《湖南八大公山国家级自然保护区蝶类志》的编写项目；负责保护区科研监测项目信息化平台子项目建设管理；负责编辑八大公山自然保护区 2016—2026 年总体规划；负责与湖南省森林植物园、国际植物园保护联盟合作开展国家保护二级、极小种群植物长果安息香的保育及回归工作，至今已成功繁育种苗 500 余株，回归原生境 200 株；推进与湖南省森林植物园合作共建湖南省森林植物园八大公山植物学研究工作站，并被湖南省森林植物园委任工作站执行站长职务；负责组建湖南八大公山国家级陆生野生动物疫源疫病监测站；申报并实施"八大公山珍稀植物保育长期科研试验基地"项目；与湖南省林业科学院合作开展"长果安息香生态培育技术研究"项目；负责保护区"自然保护区优化整合"及"保护地役权试点"前期工作启动；负责环保部南京所"湖南八大公山国家级自然保护区大中型哺乳动物多样性观测红外相机监测"项目申报及技术；负责"保护区珍稀濒危衰弱古树名木抢救复壮"项目申报工作；参与"武陵山生物多样性保护优先区域东北部湖南地区两栖爬行动物多样性调查与评估""武陵山生物多样性保护优先区域东北部湖南地区植物多样性调查与评估"项目；参与"全国第二次陆生野生动物资源调查"工作，并负责桑植 2 个样区 200 平方公里，武陵源 1 个样区 100 平方公里的野外调查技术。

在《中南林业科技大学学报》《现代农业科学》《华东昆虫学报》《中国农学通报》《动物学杂志》《植物科学学报》《湖南林业科技》《生命科学研究》《植物资源与环境学报》《北京林业大学学报》等期刊发表《湖南省新记录植物》《八大公山国家级自然保护区尺蛾科昆虫资源》《湖南八大公山国家自然保护区蛾类调查初报》《湖南八

大公山自然保护区昆虫物种的多样性》《八大公山自然保护区珙桐群落结构与物种多样性研究》《湖南八大公山发现红交嘴雀》《复杂山地森林固定大样地测设方法》《八大公山国家级自然保护区蝴蝶多样性研究进展》等 20 篇论文。还著有中英文结合的《湖南省野生植物资源掠影之珍稀濒危植物》《八大公山国家级自然保护区蝶类名录》《湖南八大公山森林动态样地——树种及其分布格局》《张家界动植物名录》4 本专著。这些珍贵文献，为后来人提供了权威、准确的知识信息。

八大公山自然保护区有 3 个管理站和 1 个科研所、1 个检查站、1 个接待站。谷志容身兼两职，即保护区科技科科长、保护区科研所所长。而这两个办公室，前者在桑植县城管理处，后者在八大公保护区山天平山林区。县城离八大公山自然保护区 93 公里，谷志容两边跑。胖腿跑瘦，瘦腿跑瘸，瘸腿跑僵。"如果我变成孙悟空，一个筋斗十万八千里，那该多好啊！"这是他这些年最多的一句感叹。

只要有科研任务就得上山。每年季度、年度的科研任务，资源本底调查监测的不同，植物的生长、开花、结果都要调查。保护区的珍稀特有植物有哪些，珍稀特有动物有哪些，分布在哪些地方，种类有无增减等调查。谷志容大部分时间像岩羊一样翻山越岭到处奔波，还有经常出差、学习参观，学术交流，业务培训，各种会议以及这个请那个借，一年四季没有休息时间，日夜奔波。2024 年 4 月，他参加全省无人机培训学习，过后说："这次虽然遭了老罪，自己年过半百，每天刷 300 道题，和年轻人赛跑，但顺利取得中国民航颁发的民用无人驾驶航空操控员执照，乐哉、幸哉！"可他时常忙得睡觉都没时间，有时就在车上打个盹，然后继续赶路。回到家往沙发上一靠，像泄气的皮球一样立不起身。

谷志容说："家里的事我根本顾不上，由妻子全包。有一次，妻子加班，打电话叫我接孩子，我连孩子的教室都找不到，真是枉为人父。一到林子里，我整个人都充满了活力与干劲，思维格外活络，也许我是植物命，适合与大自然在一起。"

十七、带着"流动实验室"去采样

2024 年早春的一个周末，她专程从长沙赶来湖南省张家界生态环境监测中心，在办公室，我们见面了。这是一位"态浓意远淑且真，清素若九秋之菊"的中年女性，不仅有着天生丽质的外表，更有那份从容大方、典雅坚韧、内敛稳重、聪慧自信的气质，让人心生敬意。

她叫吴文晖，1967 年出生，致公党党员，本科学历，工学学士，正高级工程师，原张家界市环境监测中心站第四任站长，2014—2020 年任湖南省生态环境监测中心环境研究中心主任；从事生态环境监测工作 31 年，湖南省五一劳动奖章获得者；多次获得记功、嘉奖及优秀先进个人等表彰，带领团队获评湖南省巾帼文明岗、全国巾帼文明岗等荣誉。

吴文晖从小是个听话乖巧懂事的孩子，是人们常说的那种"别人家的孩子"。军人出身的父亲对她教育很严格，她从小学升初中，初中升高中，高中考大学，一直是年级的模范生，常常拿到学校的奖学金。勤奋踏实、刻苦努力是她读书求学和做人做事的一贯风格。

1990年7月，她从中南工大化学系应用化学专业毕业，分配在湘潭国企，但她父亲单位的领导和老技术人员热情邀请，希望吴文晖回国营湘陵机械厂。就这样，吴文晖回到了湘陵机械厂，成为热加车间唯一的女技术员，从事航空机械表面处理技术工作，负责调配电镀液。每天穿着防护服戴着口罩及手套，在车间苦练"内功"。工作时思维跳跃、心灵手巧，不久，她对主盐、导电盐、缓冲剂、络合剂、添加剂等调配工序了如指掌。特别是电镀加工的亮度、厚度没有一定技术是很难把握的，就像一块试金石，考验着她的技术能力，也考验着她的坚韧。

可好景不长，就在她放开手脚施展抱负时，国企改革的下岗潮来了，国营湘陵机械厂也面临改革开放后带来的一系列冲击，效率下滑不景气，各地"三线建设"军工厂纷纷转产民用品。由于发展需要，该厂于1991年开始陆续迁往长沙。

1992年，吴文晖调到大庸市建设局下设的大庸市环境监测站，成为实验室一名环境监测技术员，开始了环境监测职业生涯。

彼时张家界市（大庸市）的环境监测工作刚刚起步，一切都是空白。在首任监测站站长曾雁湘的带领下，吴文晖和其他几名年轻同事，作为张家界环境监测事业的拓荒者，从实验室的必备仪器和药品试剂，到玻璃器皿和各种辅助材料，一样样采购回来，靠着全站 7 名人员 7 双手，把实验室布置起来。通过培训和勤学苦练，1993 年 3 月，正式开启了大庸市环境监测工作，发出了第一份监测报告——大庸市澧水水质监测报告。

虽然是一名女同志，吴文晖却常常和男同志一起，奔走于澧水河边、工矿企业烟囱下和污水沟旁，进行野外采样监测，将采集的样品带回实验室进行检测分析。风里来雨里去，不顾日晒雨淋，挥洒汗水，像小蜜蜂一样辛勤地忙碌着、忘我地奉献着，在实践中锤炼着自己的技术和能力，很快成为一名优秀的监测技术骨干，两年后被任命为张家界市环境监测站分析室主任。

张家界市环境监测工作起步迟、基础差、人员力量薄弱、监测设备落后、工作经费短缺，工作条件十分艰苦，甚至发不出工资。当时张家界市旅游业正处于初步发展阶段，大力开展旅游接待基础设施建设，宾馆酒店如雨后春笋般建成开业。很多酒店老板只知道赚钱，完全不懂环境保护法律法规，一时间城区和武陵源景区出现酒店污水横流、黑烟滚滚的景象，使张家界这颗旅游明珠蒙上了一层灰尘，以致于在 1997 年，武陵源世界自然遗产在联合国的考察评估中，因为环境污染和生态破坏问题突出，受到黄牌警告。加强张家界市的环境监管和污染治理迫在眉睫。环境监测作为环境保护工作的基础，压力陡增。

因为监测任务重，吴文晖和同事们无论天晴下雨、吹风落雪，不管寒冬酷暑，都要出去采样监测。

完成每项任务，吴文晖和她的同事们都要克服难以想象的困难。没有像样的交通工具，她们先用板车拖着或骑着单车后改为坐摩托车去采样。张家界山多林密，道路陡峭险峻，当年很多地方不通公路，要徒步上山，走起来非常艰难，但环保人有一双铁打的双腿，山长水阔不辞其远，赴汤蹈火不改其志。

凡出去采样，要带着仪器、泵、几十米电缆线等，全套共两百来斤，她就带着这样一个"流动实验室"到处采样。每次上山，大件由男士挑或抬，小件工具等由女士背。李中文基本成了"专职挑夫"，而吴文晖就成了"背篓女"，经常背着几十斤重的仪器、工具等徒步攀登一千多米的山峰。一路上累得满头大汗，仿佛悄然落下的春雨，她却在每一滴汗珠中勾勒出自己的热血轨迹。

1994年，吴文晖身怀六甲，身体反应强烈，家人希望她在家里休养几天。可是，站里人手紧，吴文晖放不下手头的工作，还参加野外采样，搬仪器、攀梯子、钻天窗、爬烟囱，躬行在先。有一天，在桑植卷烟厂爬上烟囱顶端监测台上，风一吹，烟囱摇摇晃晃，她毫不畏惧，仍然与同事并肩战斗，坚持完成监测任务。吴文晖就是这样一位外表柔弱、内心强大的女人，一旦确定了目标，遇到再大的困难也不退缩，而是勇往直前。

2000 年 9 月，吴文晖担任张家界市环境监测站站长助理，她深感肩上的担子和责任更大了，同时也面临更大的阻力和压力。

张家界市是新型旅游城市，随着旅游人数的快速增长，环境压力不断加大。张家界市政府于 1991 年、1994 年相继颁发了加强风景名胜区环境管理、城区烟尘控制区、饮用水水源保护区和环境噪声控制达标区"三区"管理规定。1996 年 3 月，市政府决定在全市开展以改善城区、景区大气环境质量为目标的"蓝天工程"，以改善澧水流域和金鞭溪景区水污染状况为目标的"碧水工程"，以改善城区声学环境质量为目标的"宁静工程"。还相继出台了《张家界市城区机动车尾气污染防治管理暂行办法》《关于加强环境保护的决定》，在城区禁放烟花爆竹、在武陵源风景区禁止安装使用燃煤锅炉等文件规定，从而迎来了一场全面环境整治的保卫战。

坐落在澧水大桥附近的邮电大厦旋转餐厅，所有污水直接排进澧水河，经严格监测化验，水质严重超标。市政府下令要求整治，市邮电局领导强词夺理，说监测站工作人员故意挖一坨地沟油做的监测，提供的数据不准，还一纸诉状告到了法庭，惹来一场官司。虽然最终保护战胜了破坏，正气压倒了邪气，但同时也说明那时环境保护工作的压力很大；犹如大海行船，惊涛骇浪不断袭来，也正是因为这些挑战，让吴文晖更加坚定了自己的方向和目标。

在她心里，环境监测事业充满了神圣的使命感。2004年，吴文晖担任张家界市生态环境监测站站长，局领导把建设湖南省首个生态环境监测站的任务交到吴文晖手里，她又一次站在新的起点，成为张家界市生态环境监测的拓荒人。

生态环境监测站设在张家界国家森林公园内，张家界市环境保护局与张家界国家森林公园管理处联系沟通，借用半栋办公楼。生态环境监测站的工作又从一张白纸开始，吴文晖亲自设计亲自布置，一楼做实验室，二楼做办公室，装修办公室、设计实验室、打造实验操作台、配置仪器设备器皿。吴文晖带领五名同事一起，通过一番"斩草开荒"，把这个生态监测站建立起来了，充分展示了她和同事们吃得苦、霸得蛮、善开拓、勇担当的精神。

吴文晖说："既然领导安排我管理生态环境监测站，那就要做出与众不同的创意和亮点，这样才能体现出自己的人生价值。"敢揽瓷器活，就一定要有金刚钻。于是，她立下"百尺竿头须进步，十方世界是全身"的志气，带着这个团队开始了新的征战。

她始终坚持以情感人、以理服人，像大姐姐一样带着这个全国最小的市级监测六人团队，一起上班、一起下班、一起学习、一起野外采样、一起做实验，同甘共苦、携手前行。团队中，周渺峰、高峰都是复员军人，没有环境监测专业技术基础，她逼着他俩学业务，给他们指定监测项目，手把手地教，要求他们必须在短时间内掌握监测分析技术，拿到上岗证。为了快速提升团队整体技术水平，吴文晖还带着团队"走出去"，向洞庭湖环境监测站学习生物和生态监测技术。通过勤学苦练，周渺峰、高峰后来不仅掌握了现场采样、实验分析等业务技术，还成为省内为数不多的水生生物现场采样、鉴定评价的业务能手。短短三年，在吴文晖的带领下，张家界市生态环境监测站形成万夫一力之势。她用言传身教带出了一支好队伍，现在个个都是监测中心的顶梁柱。

2005 年，国家环境保护总局生态专家、中国工程院院士金鉴明来张家界考察，吴文晖邀请他到生态环境监测站现场指导工作，张家界市环境保护局局长刘绍建亲自陪同。在招待会上，金院士介绍了生态建设的宝贵经验，并建议："要体现张家界的特别价值，关键要打好生态保护这副牌，抓好'环保效益、生态效益、经济效益'的统一协调，这才是长远发展旅游的硬道理"。受君一指点，省我万苦虑。刘绍建从中受到启发，吴文晖更是茅塞顿开。过后，刘绍建局长对吴文晖说："最近几年，张家界景区受到不同程度的污染，出现不少负面影响，这是旅游大忌，名誉不可失，荣光不可掩。如今通过整治，你能否发掘积极正面的宣传项目，为张家界正名树形象，让张家界走向全世界。"

成竹在胸的吴文晖立即回答道："森林和空气是张家界最大的优势，

张家界是一座被森林覆盖的城市，森林覆盖率高达71%，山秀水碧，空气清新，负氧离子含量高，其空气质量，可以说是其他地方没法比的。我们把张家界誉为'中国的天然氧吧'，让全世界人都来这里吸氧洗肺，返老还童活成神仙。"

刘绍建非常认同这个建议，表示要尽快着手做好相关准备。吴文晖立即通过网络等多种渠道深度了解国内外空气负氧离子监测的现状和技术，当时负氧离子监测仪还没有国产货，只有进口货且价格昂贵。通过思考研究，吴文晖向市局提交了一份关于在张家界市森林公园试点开展空气负氧离子监测的可行性研究报告。在市局领导的支持下，通过请示政府领导，得到市长赵小明的高度重视和大力支持，花费四万多元进口一台负氧离子监测仪，在张家界市森林公园首次开展了负氧离子监测，开创了全省环境监测系统负氧离子监测的先河。

吴文晖与生态站小团队带着新、老仪器每天迎着朝阳出发、披着落霞而归，登黄石寨、走金鞭溪、攀天子山、上袁家界、下水绕四门、爬腰子寨、跨百丈峡、探宝峰湖、访紫草潭……常年四季往返于这些山山岭岭、沟沟坎坎，测空气、采水样、开展生态调查。就近的金鞭溪紫草潭、水绕四门，来回十多里，做一次采样至少要三个多小时，其他地方更远更耗时间、人力和物力。为了赶任务，六人兵分两路，一路靠两条腿负责就近的采样任务，另一路则乘着"环保110车"全天在景区较远的监测点采样。因超负荷运转，造成"环保110车"多次开锅，不得已等待冷却后继续使用，但有时"环保110车"实在累"罢工"了，只能请修车师傅妙手回春。

2005年深冬，吴文晖、周渺峰、高峰、樊玲凤四人到袁家界去做空气监测。

由于大雪封山，上袁家界都是陡坡，道路湿滑难行，许多地方手脚并用爬行而过，一步一滑，步步为营。四人走到一个较陡的拐弯处，前面有几个高墩，吴文晖一纵一步，连续迈过两个墩，当她向第三个高墩迈步时，后边的脚一滑，身体失衡一下滚了下去。高峰、周渺峰、樊玲凤三人吓得惊呼："吴站长，快抓树！"眼看就要掉下悬崖，慌乱中她抱住一棵大树，离悬崖不到一米，要是掉下去，必定香消玉殒。

当他们完成采样回到生态环境监测站，樊玲凤、周渺峰、高峰有些后怕地说："吴站长，今天太冒险了，幸好没出事，否则，我们怎么向你家人交代？"

"我还要留着生命看更伟大的事迹呢，哪能随便死？"吴文晖轻松作答。

吴文晖就是以这样的劲头，引导团队攻克一道道难关，取得了一组组"真、准、全"的监测数据，并在第十四届"张家界国际森林保护节"盛会上，向全世界宣布了第一期"好山、好水、好空气"的美好成果，把"国际张"名片擦得更亮。

凡能独立工作的人，一定能对自己的工作开辟一条新的路线。吴文晖在森林公园大胆做出又一项开创性工作，她与张家界森林公园管理处联系商定，将核心景区多个负氧离子监测点收集的数据发送给管理处，在森林公园大门入口和大氧吧广场的电子显示屏上滚动播出，每周更新一次，向世界游客宣布张家界森林公园的负氧离子浓度极高的信息：

"据张家界市生态环境监测站统计，在巍峨险峻、森林密布的武陵源核心景区，空气更是沁人心脾。'武陵源明珠'袁家界景区空气质量优良率达100%。张家界森林公园空气中负氧离子浓度大部分时间在1000～20000个/立方厘米，金鞭溪景区负氧离子含量高达23000余个/立方厘米，宝峰湖负氧离子含量更是高达10万余个/立方厘米，远远高于世界卫生组织规定的清新空气"。游客们都有一种发自内心的感受：张家界国际森林公园丰富的负氧离子，真的能修复身体细胞机能，在金鞭溪峡谷里走7、8公里，完全不觉得累，反而神清气爽，越走越精神。整个张家界的空气清新、纯净、湿润，真的可以洗肺润肺。

2010年上海世博会的时候，张家界市市长赵小明将张家界六大核心景区采集到的6瓶特制空气，作为特殊礼物分别送给了世博会中的六个国家馆，并且还将几百盒由张家界市市长签名的空气礼盒赠送给了前来参加活动的观众。这一举动展示了张家界纯净的空气和良好的生态环境，还被当时的很多媒体戏谑说："世博会上卖空气，张家界人真会玩儿。"

英国地质学家西蒙·温彻斯特也曾赞美张家界有着全中国绝无仅有的、最纯净的空气。来自美国的科罗拉多州的女州长南希·迪克，曾在张家界市核心景区金鞭溪发出"每呼吸一次，应付 5 美元"的惊世呐喊，不仅向世人展现了张家界景区纯净的空气，全面地诠释了生态优良、环境绝佳、植被茂盛、山水秀丽的张家界旅游资源，也将冠绝天下的张家界推向了全世界，开启了东方山水惊艳世界的新纪元。

在吴文晖心里，永远坚信"追光而遇，沐光而行"，从未停下过前进的脚步。2006 年 8 月，吴文晖带领周渺峰、高峰、樊玲凤、宋维彦、陈婧，用三个月时间，走遍八大公山国家级自然保护区的天平山、杉木界、斗篷山的沟沟壑壑、旮旮旯旯，首次对八大公山的生态环境开展了背景调查。

一天，他们六人到有湖南屋脊之称的斗篷山原始森林去调查，一路上都在谈论八大公山的许多趣闻趣事。他们顺着坑坑洼洼的干沟前行，周渺峰说，这条沟是野猪们用嘴巴拱的，并不时指认野猪留下的新鲜脚印，看情形，这些痕迹应该是昨晚或早上留下的。听他说完，高峰故意营造气氛：俗话说，一猪二熊三老虎。其实山上的猛兽，野猪才是山大王。吓得大家提心吊胆的，若是不小心，与这个精力过剩的家伙发生碰撞，可就惨了。陈婧吓得赶紧掉头跑到队伍中间，不敢走前面了。

托山神爷的福，遇上了山中难得的好晴天。几个人来到斗篷山的一个山头，然后一头扎进茫茫林海深处，踩着陈年累月的厚厚落叶和腐烂的杂草残渣，在原始森林中穿行。不时有大片大片的蜘蛛网横亘面前，头顶上方都是树叶，阳光照不进来，彰显出原始森林的幽暗、深邃和空蒙，如同走进森林隧道。

八大公山是北纬30度的原始森林保护区，大树特别多，森林覆盖率达94.1%，林区的树名有"珙桐王""千手观音""光头树""剁吧树"等著名树种。

在这里，树成了统治者，横走竖走，都是合抱粗的树木，令人目不暇接。周渺峰看到一棵大红豆杉，兴奋地抱上去，说："大！大！真大！"高峰说："这算什么，前面的霸王树那才叫一个大哩。"边说边向前走去，突然看到一片亮叶水青冈，这是国家一级保护树种，它们叶繁枝茂，长得招摇而霸道，容不得其他树种在它的领地"酣睡"，占山为王，难怪叫"霸王树"。

走到一堆乱石旁，几棵大松树的根茎盘在几块粗大的石头间，你中有我、我中有你地缠绕着，石树相濡以沫，相守一生，乍一看，以为那石头就是松树的土壤。"这就是'石树恋爱'吧！"宋维彦也被天造地设的奇妙大自然挑逗得活跃起来，她不甘示弱地展现着自己的想象。

大家都被这些千奇百怪的树木激发了活力，每见一棵长相异常的树，都要发表一番感叹。当他们走进一条峡谷的沟坎边，一棵巨大的金钱柳在微风中摇曳，枝条细长而柔韧，像少女轻盈的裙裾，更像观音的玉手。"啊！我看到'千手观音'啦！"樊玲凤有些激动地喊起来。

是的，金钱柳美丽地张扬着它的"千手"魅力，用千只手，万只手，支撑着一片蔚蓝的天空。

"走进八大公山，便一下体悟到了大山的厚度与生命的蓬勃。夏日的八大公山生意盎然，整座山体被绿色覆盖，起起伏伏，连连绵绵，波峰浪谷，碧海连天。一下让世俗的灵魂变得宁静而安详，在这样的环境里做事，一点不觉得累。"吴文晖很陶醉地回忆道。

是的，大自然的鬼斧神工在这里创造了一个丰富多彩的植物王国，是朱兰、石豆兰、鹅掌楸、青钱柳、水青冈等1000多种珍奇植物、药用植物、古老植物的殿堂，特别是以珙桐为主的成片混交林，形成了罕见的特殊植物群落。

此外，八大公山还拥有多种其他植物，例如青钱槭、扇叶槭、建始槭、房县槭、中华猕猴桃、红果黄肉楠、和尚菜、天师栗、龙牙草、长穗兔儿风等。

这些植物不仅丰富了生物多样性，也为科学研究提供了宝贵的资源。通过调查、记录，对很多珍稀植物还特意做了编号，吴文晖亲自执笔，编写出第一份《桑植县八大公山国家级自然保护区生态环境状况调查报告》，提出科学合理的保护措施，为保护生物多样性带来了光明和希望。

2007年，根据职能合并、机构精简的精神，将原机动车尾气监督管理站、生态环境监测站和张家界市环境监测站，实行三站合一，统称为张家界市环境监测中心站，吴文晖任站长。从小站长变成大站长，管理的人更多，业务量更大，需处理的日常事务也更多。刚上任，又遇上"辞旧迎新"的大搬家。为了节约资金，吴文晖带领同事们一起动手完成了实验室的实验操作台、水、电及通风设计。连续三个多月，吴文晖没有休息一天，每天工作时间长达十几个小时，硬是完成了装修设计、施工质量监督检查、实验室搬迁的所有工作。吴文晖用柔弱的肩膀担起了监测站建设运行、管理和发展壮大的全面责任。

2007—2009年，全国第一次土壤污染大调查战斗打响，这是张家界市环境监测中心站建立后承接的第一个大型土壤专项监测指令性任务，张家界全市共220个土壤监测点，监测项目繁多，要求张家界市环境监测中心站按标准完成，任务非常艰巨。

吴文晖又将面临新的挑战，土壤监测是以前没做过的新业务，仪器都是新的，没有样板，都是原创，一切得从头学。吴文晖带领团队到省中心站，从磨样、消解、保存、前处理、提取、上机，每个步骤进行严格培训学习。磨土、筛土需要专用房，征得领导同意后，借用六楼会议室做临时厂房，发扬"自力更生，艰苦奋斗"的南泥湾精神，搭筛土架、垒台子，忙得不亦乐乎。

为了确保任务按时完成，吴文晖发动全站18人全体出动，她自己和王立新书记，各带一支人马起早贪黑、披星戴月、不辞辛劳亲自奋战在一线挖土采样。率领大家进深山、过深涧、攀悬崖、走峭壁，巾帼不让须眉。骄阳火一样炙烤，热得他们浑身汗透，在深山老林中经常迷失方向找不到点位，有的点位甚至在悬崖绝壁之上，或在万丈峡谷之下，还有雷击风暴、滑坡滚石、虫蛇叮咬等危险。

她不仅亲自上阵采样，还陪同一群娘子军磨土、筛土、做实验，虽然辛苦，但在她这样一位铁军风骨领导的榜样带领下，极大地提振了员工的斗志和积极性，土壤调查工作运行规范、进展顺利，奋战三年，完美收官。

这是新建站以来员工们首次参加土壤污染调查监测，大家的监测能力从中得到极大提升，而且国家级、省级专家一致认为张家界市土壤污染状况调查工作：现场采样规范、记录准确完整、质控措施到位、样品库建设规范，得到中国环境监测总站的专家和湖南省土壤课题组的好评。听到这一消息，大家高兴得像三月里的桃花，一夜之间变得花枝招展，满园春色。

与此同时，吴文晖还负责监测站里的业务把关工作。站里多项技术报告、业务管理文字材料，都是她亲自严格把关，一些全局性、重点业务她还亲笔撰写。2008 年，她带领本站相关人员与洞庭湖环境监测站的相关人员一道，对天门山索道工程竣工环境保护进行验收。半年时间内，从现场调查、记录数据、收集资料到编写报告，她亲自执笔，焚膏继晷，撰写出《天门山索道工程竣工环境保护验收调查报告》，在湖南省环境监测中心站举办的"湖南省环境监测系统建设项目竣工环境保护验收监测报告编写技术竞赛"中，斩获优秀验收监测报告一等奖。这是张家界市环境监测中心站第一次在全省技术竞赛中取得名列前茅的好成绩，在高手云集的竞赛中，力量最弱小的张家界市监测站取得这样优秀的成绩，极大地鼓舞了全站同志们的信心。

2009 年 8 月，吴文晖以技术人才引进方式调到湖南省环境监测中心站，带着她对环境监测事业的深深热爱，带着她在基层监测工作中磨炼出来的经验和才干，在新的工作岗位，向着更高的目标进发。

十八、从文艺骨干到环保战士

一

宋维彦是个聪明机灵、伶牙俐齿、八面玲珑、五官精致、激情澎湃、健康乐观、积极向上的女性。

她 1979 年出生在永定区，父母是双职工，家有三兄妹，她最小。从小像个男孩，贪玩调皮，性格开朗，侠肝义胆，是出了名的孩子王。从幼儿园、小学、中学、长沙环保学校到秦皇岛环境管理干部学院，她以文艺范十足、广结善缘、成人之美的出众表现给老师留下了深刻印象，40 年后的今天，幼儿园老师还能一口叫出她的名字。

她父亲是抗美援越老兵，1965 年参战期间，是排雷高手，当时一个排雷班，战斗结束时，仅剩他一人生还，真正是死里逃生。

父亲复员后分配在大庸县建设委员会工作，为人正直严厉有担当，对孩子要求严苛，家法森严。宋维彦从小身体健康，但比男孩淘气，因此经常挨打。

尽管父母都是工薪族，但三个孩子上学，用钱非常节省。快过年了，父母买了花生、瓜子、苹果等小吃，藏在床下纸箱里，准备过年吃。

可这点障眼法哪能瞒得过宋维彦？经常在父母眼皮底下，她一个转身就没了人影。躲进床下，抓一个苹果连皮带核吃得精光，然后把小嘴一抹，溜之大吉。往后屡屡如此作为，乐此不疲，到过年时打开纸箱，苹果早已不知去向。父母虽然心知肚明，但过年是不能打骂孩子的，只得对她干瞪眼，这时，宋维彦扮个鬼脸以示得意。

三年级那年夏天，有一次，她将以假乱真的玩具蛇缠在手臂上，躲在门后，等姐姐进门时，突然伸出一条"蛇"，惊吓引发姐姐的心脏病，挨了父亲狠狠一顿毒打，一双小腿留下数条黑紫黑紫的竹条印。第二天早上，宋维彦用水彩笔在这些印子上画上美丽的图案遮掩竹条印，同学见了说她是爱臭美的白雪公主。

直到上初中，她懂事后才结束了挨打的日子，并担任班级英语课代表、文艺委员、寝室长，懂得了"青春须早为，岂能长少年"的道理。她读书刻苦上进，下晚自习后打起手电在被子里看书，通过系统地学习知识为自己的未来服务。

爷爷爱听京剧、越剧、花鼓戏、黄梅戏等名曲。也许是来自爷爷的遗传基因，宋维彦没上过特长班，对唱歌跳舞却无师自通。

1995 年，宋维彦初中毕业，为了追逐自己的梦想，她决定参加考艺术学校。刚好班上同学去考试，便自作主张，在没有任何准备的情况下，由着自己的天性跟着去了。

考试那天，宋维彦不仅胆大，心脏更大，她落落大方、波澜不惊地亮开歌喉，一曲《小背篓》，犹如天籁之音，大有余音绕梁、三日不绝的震撼。过后，监考老师夸她是小宋祖英，美中不足的是个子矮了点，要她学编舞专业，决定收下她。

当她征求父母意见时，父亲只冷冷地说一句："就是回乡跟牛屁股也不准上艺校！"坚决果断地砸碎了宋维彦的文艺梦。

就这样，她按照父母的意愿走进了长沙环保学校。

二

海阔凭鱼跃，天高任鸟飞。对宋维彦来说，长沙环保学校为她提供了学习的广阔天地，更让她找到了自由施展本领的空间。除了认真完成各科学业外，也把自己的文艺天赋发挥得淋漓尽致。

开学不久，在全校联欢会上，她以婀娜多姿的《彩云之南》傣族舞和姣好的面容引起了大家的关注，轻松进入校宣传队，还成为才貌双全的台柱子。加上她冰雪聪明、面面俱到、和蔼友好、心胸豁达、乐于助人，深受老师和同学们的喜爱。

1996 年，全省中专学校文艺汇演时，宋维彦主舞的《竹篓情歌》和独唱的《我爱你，中国》两个节目，同时获得一等奖。这一绚烂光环，为学校赢得了"日出江花红胜火，春来江水绿如蓝"的无限风光，让全校师生欢欣鼓舞、激动不已。宋维彦因此获得学校"二等功"的高尚荣誉，且得百元大奖。

从此以后，学校宣传橱窗里有很多宋维彦的惊艳剧照，低她两届的樊玲凤在宣传橱窗里看到后，对她产生了深刻印象。后来两人成为同事，初次相见，樊玲凤一眼就认出宋维彦就是环保学校宣传橱窗里的文艺校花。

在长沙环保学校，宋维彦邂逅了一位来自株洲的陈华平同学。陈华平生活在离异家庭，家里困难，第二学期上学时交不出学费，面临辍学危机。宋维彦得知后，向母亲求救，她母亲毫不犹豫地为陈华平交了一个学期学费。后来，宋维彦还将自己每月的生活费与陈华平一起公用，买方便面、买衣服等，帮她渡过难关。

聪明，来自生活的调教。宋维彦大脑灵光、妙语连珠、口吐莲花、热情真诚、敢闯敢干，天生是个做生意的料。为了减轻家庭负担，为了帮助陈华平完成学业，她那精明的小脑袋瓜子居然发现了商机，很多女生经常买东西都叫人带，这个六层楼的女生宿舍，就是现成的生财之地。于是她利用双休日到批发市场进些小吃、袜子、牙刷、牙膏、洗衣粉、香皂、卫生巾等小杂货。等到晚上，她拖个大纸箱，像《当幸福来敲门》的主人公，逐一到每个寝室热情推销，第一个晚上就赚了两百多元，这一发不可收，每个月能赚一两千元，比父母给的生活费高许多。有了这笔收入，她和陈华平两人的生活费绰绰有余，再也不用吃方便面了，从此学习成绩稳定发展。她用拼搏进取奏响了青春之歌，用智慧和勤劳叩开了希望之门。

古人说，善行无处不留痕，好人好报天不亏。中专二年级，学校根据党和国家的惠民政策，照顾贫困学生陈华平，四年中专，她只须上两年就可报考秦皇岛"中国环境管理干部学院"深造，两年后就能拿到大专文凭，从而缩短两年学业，提前步入工作岗位来减轻家庭经济负担。

为了感激宋维彦的帮扶之恩，陈华平将这个消息透露给宋维彦。宋维彦知道后，激动不已，并主动申请，得到学校批准，她和陈华平经过几个月发奋刻苦、认真复习，1997年6月，她俩同时考上秦皇岛中国环境管理干部学院，走进更高的人生舞台。

2001年，宋维彦大专毕业后，为了自力更生，在私企做了一年临时工。就在这年冬天，她走进了婚姻殿堂，完成了人生第一件大事。

2002 年，宋维彦应聘到张家界市环境监测站做临时工，每天在实验室学习做监测分析。当时她怀孕了，极力克服妊娠反应，直到六七个月还坚持做实验。可能是由于长期久站久走动，才七个月，孩子就以早产儿的方式提前来到这个世界。

孩子不足月，生下来才 4.8 斤，体质弱，经常生病，三天两头跑医院，医生每次见到她就开玩笑地说："院长来了。"因而宋维彦说："2002 年和 2003 年，是我最累最苦的两年。"

那时单位的办公地在现在子午路的金色摇篮幼儿园的隔壁，宋维彦和许珍梅两人在办公室，许珍梅以办公室事务为主，宋维彦以实验分析业务为主。

宋维彦夫妻两地分居，丈夫在慈利县城管局上班，离家远，照顾不到家，孩子没人带，她将褓褓里的孩子寄托在隔壁幼儿园，请老师代管。自己就在实验室开机、调试、上机、出数据，按顺序操作，每个步骤都要弄得明明白白、清清楚楚、真真切切。就这样日复一日坚持，虽然累点苦点，但她最终把自己熬成了实验室的行家里手。

但这些进口仪器有时也不太好摆弄，有着像老外一样喜怒无常的坏脾气，动辄就"变脸"出故障，岂是宋维彦这个弱女子能驾驭的，实验分析经常做出异常、有时甚至出现与实际情况大相径庭的结果，害得她隔三差五去请教师傅吴鹏。

有一天，宋维彦开机做实验，那仪器像得了帕金森病，摇摆不定，吓得她赶紧关机。待会儿再开机，更是离奇地上飘，大有直上九重之霄的架势。仪器故障问题升级，脾气越来越坏，吴鹏也招架不住了，只得请厂家工程师过来修，原来是排气管有问题。

由于她对实验分析非常感兴趣，因此学起来很顺利。2004年，宋维彦以优异的专业水平考试成绩被录用为张家界市环境监测站的正式员工。她先后从事过水、大气、土壤、固废四大类环境质量要素中砷、汞、硒、氨氮、总磷、pH等二十多个分析项目，出具监测数据3000多个；在实践中不断探索提高实验分析综合能力，考实验分析上岗证，从来不用补考，都是一次性考过。后来她还成为新项目的开发和新设备仪器原子荧光光度计的第一负责人。

从此，她一个猛子扎进去，天天泡在实验室做实验，潜心研究水质的砷、汞、硒等实验分析，做不出的重做，不达标的再做，随着那一张张写满数据的纸越来越多，宋维彦业务水平也在一点点成熟，实验也做得巧夺天工、滴水不漏。

宋维彦像一个苹果，经过日晒雨淋天地精华的洗礼，从青涩稚嫩长成红彤彤、沉甸甸的大果实，她从一个顽皮的愣头青蜕变成有主见、有责任、有担当的环保使者。

曾经，张家界市环境保护局领导三次请宋维彦到局办公室工作，而她坚持立足本职，断然拒绝，决心做一名在监测实验领域有所突破的科学工作者。

<h1 style="text-align:center">三</h1>

2004 年 4 月，张家界市环境保护局领导遵照市政府的指示精神，成立张家界市环境监测站，宋维彦随即成为环境监测站的一员。

她豪爽健谈、思维敏捷，具有阿庆嫂耳听八方、眼观四路般的玲珑智慧。她在接待、沟通、协调方面的能力突出，因此单位的很多接待应酬，领导都会安排她去完成。

她经常牺牲自己的休息时间，全身心投入，把接待工作做得礼仪周到、无微不至，让不少难题在舒心畅谈中迎刃而解。

环境监测站在张家界国际森林公园锣鼓塔污水处理厂，离宋维彦家有个把小时的车程。宋维彦既要做好生态监测站的本职工作，又经常要接待来自全国各地的同行客人，忙得像一场没有终点的马拉松，虽然精疲力尽，但她永远没有停下自己的脚步。时常无法按时下班，无法赶到幼儿园接孩子，只好经常打电话叫闺蜜代接孩子。

在环境监测站三年，几乎天天要加班，没有双休日，没完没了地忙碌。她说："我恨不得把自己分成三份，一份用来工作，一份用来睡觉，还有一份用来照顾家庭"。丈夫只有双休日才能回家，而宋维彦却要忙着加班，很少有共度周末的时光。由于夫妻聚少离多，导致丈夫的误解和不满，家庭矛盾日益频繁，为了解决家庭矛盾，有次双休日，宋维彦特意带着丈夫去加班。

来到实验室，宋维彦和同事们穿上白大褂，戴上帽子、口罩、手套、防护镜，俨然一个个"白衣天使"，在实验室忙了起来。

摆好实验器皿、试剂，开始物我两忘、如醉如痴地做总氮实验分析。小心谨慎地捣鼓硫酸钾药品，还要用托盘天平，再倒入那个圆柱形的烧杯里，加入适量的水，加热至全部溶解。又称些氢氧化钠使之溶入另一个有适量水的杯子中，等它稳定后，将两杯药水混合后叫作定容，然后存放于塑料瓶内，完成了第一步"药品配制"。

接下来做第二步，叫校准曲线的绘制。分别量取硝酸钾标准使用液，放入具塞磨口玻璃比色管中，加水稀释至规定量，再加定量的碱性过硫酸钾溶液，盖紧管塞，用纱布蒙好，且线绳捆紧管塞，以防弹出。将捆好的比色管置于高压蒸汽灭菌器中，加热至顶压阀吹气，关阀。再继续加热至120℃开始计时，保持温度在120～124℃。自然冷却，开阀放气，移去外盖，取出比色管冷却至室温，按住管塞将比色管中的液体颠倒混匀2～3次。

每个比色管分别加入定量的盐酸溶液，用水稀释至规定的标线，盖塞混匀。使用规定的石英比色皿，在紫外分光光度计上，以水作参比，分别于波长 220 纳米和 275 纳米处测定吸光度。

最后一步是制作样品。取适量样品用氢氧化钠溶液或硫酸溶液，调节 pH 至 5 ～ 9，待测。

余下步骤与第二步相同。

宋维彦边做边与丈夫讲解，中午也不休息，直到傍晚才完成这个烦琐且复杂的实验。她丈夫耐着性子看宋维彦忙来忙去，心情由生气到平静，由不解到骄傲，最终甚至有些心疼。此时此刻，觉得自己一直都在错怪妻子，以为加班就是坐在办公室做做样子而已。

原来这份工作看似轻松，实际上非常考验人的耐心和责任心，而且耗时长，烦琐磨人，枯燥乏味，寂寞无聊，还需高度集中精力，保证每个环节不出差错。

与这些在每一个日出日落、始终坚守岗位、辛勤忙碌、舍己为公的环保监测人相比，自己的小心眼，真是太狭隘、太渺小。突然，妻子在他心目中的形象有点伟大和高尚了，夫妻恩爱的感情失而复得，决心执子之手，与子偕老，共度风雨，不离不弃。

宋维彦以这样的方式化解了夫妻矛盾，打开了家庭藩篱，让自己的精神释放出来，轻装上阵，安安心心投入工作，怀抱希望，勇往直前。

在环境监测站的那几年，宋维彦不是在张家界国际森林公园采样、做实验，就是在八大公山搞生态调查。

2005 年秋，吴文晖带领周渺峰、高峰、樊玲凤、宋维彦五人，连续一个星期住在八大公山，天天穿着半筒靴爬山，测负氧离子、做珍稀动植物调查。

有一天，五个人走在去斗篷山的路上。山路弯弯，又陡又险，走到一处坡坎边，惊动了一只沉迷进食的青麂，"刺啦"从草丛里飞奔出来，拉成一条黑线向宋维彦飞射而来。宋维彦猝不及防，被青麂撞了个侧翻，和青麂一起滚下坎去。其他四人回过神来，赶紧围上去一看，发现宋维彦竟坠落到高高的陡壁下去了，正抱着一棵树发抖。那里是密密的杂草荆棘，山势既陡，又没有路，一旦她乱动，就会滚到山坡下的峡谷里，最终鲜血淋漓。

吴文晖叫她不要动。急得抓住坎沿上的树根藤条，就要下去施救。高峰和周渺峰一把拉住她，说："吴站长，有我们两个男人在，你千万别下去，现在只救一个，你下去了要救两个。"

周渺峰抢着下去时，高峰说，我比你年轻，让我来。关键时刻演绎了英雄救美的勇敢一幕。

钻进杂草树木茂盛的坡坎下，顺着一条长着许多藤条树木的陡坡溜了下去，一把拉住宋维彦的手，又顺坡坎一步一步把她往上拉。有两处陡峭地方，高峰把宋维彦先推送上去，然后自己双手抓紧树根爬上来，接着又拉着宋维彦向上攀爬，就这样把宋维彦拽到了路上。

获救后，宋维彦像受到惊吓的孩子，一把抱住吴文晖说："吴站长，我今天差点就光荣在斗篷山了！"

"现在没事了，别怕，别怕！"吴文晖有些后怕地安慰着她。

四

2007 年，张家界市环境监测中心站成立，宋维彦又成为监测分析室的骨干力量。

2014 年，因工作需要，宋维彦从实验分析室调到质量管理科任科长。负责监督评审、扩项评审、复评审的申报对接工作，监测能力由以前 6 大类 125 项扩项至 8 大类 345 项。

就在这一年，张家界市环境监测中心站需实现二级站达标建设验收。当时实验室有 15 个扩项，5 个扩项方法。宋维彦第一次负责这样艰巨重要的任务，深感压力大、责任重。

接到任务后，在没有任何经验可以借鉴的情况下，不断查找资料，制订出整个验收过程的计划，并在第一时间召集各科室成员开会，分配任务，划分权责，组织单位人员进行自验收，从中找出问题，对照

《全国环境监测站建设标准》多次咨询湖南省生态环境监测中心领导，确保问题及时得到解决。对一些比较棘手的问题，比如设备老化、数据保存不全、人员配备不足、与员工沟通配合中遗留的质量问题等，做好记录，然后一条一条核实并提出整改建议。其间 6 次下区县技术指导，全程参与了永定区监测站、桑植县监测站三级站达标专家验收，工作成效明显。

这年 6—8 月，她苦熬三个月，日夜操劳，终于高质量完成《张家界市环境监测中心站标准化建设达标验收材料汇总》。参加省站评审时，其他市（州）都是一摞散资料，唯有张家界市环境监测中心站的宋维彦捧出一本一寸多厚、装订成册的精美书本。

湖南省生态环境监测中心的领导犹如"疾风知劲草，烈火识真金"，拿着这本书，看了又看，说："看看人家张家界监测中心站宋维彦的这本资料，既方便又省事，看起来就舒服，以后都要像这样装订成册"。宋维彦初次参加扩项申报便旗开得胜，受到表扬，喜悦让她全身散发出璀璨醒目的光辉。

宋维彦还负责单位采买仪器配件、药品试剂材料等。她说："采购首先要及时了解市场价格和行情，掌握市场变化趋势，包括询价、签订采购合同，控制物料合理库存，非常烦琐，挤鸭屎一样，一会儿买这样，一会儿买那样。特别是易制毒、易制爆药品，要在网上购买。

买回来后要按国家规定严格保管，放置仓库要安摄像头，双门双锁及报警装置，并不定期地配合公安系统完成抽检，确保安全。还负责联系有资质的危险废物处置公司，对实验中产生的危险废物及时处置，防止危废对环境造成二次污染"。

宋维彦凭借自己良好的道德修养、法律知识和三寸不烂之舌的谈判能力，加之有天生善做生意的核算水准，怀着"不积小流，无以成江海"的理念，时刻不忘"俭以养德，节约为美"的精神追求。进货时总是不厌其烦地多跑多问，坚持货比多家，讨价还价，勤向领导请示汇报，选择物美价廉的物资材料，把一切成本控制在最低限度，将每一分钱都用在刀刃上，以实际行动践行勤俭节约、开创事业的传统美德。遇到问题仔细思考，临危不乱，以独善其身的姿态和"激情似火燃六月，壮志凌云破九重"的斗志闯出一片天地。

2018 年，宋维彦是评审扩项的主要负责人，她怀二胎五六个月了，经常挺着大肚子到长沙、株洲出差，找评审员签字。有一天，因为评审员要出差，宋维彦火车、汽车轮换坐，中午都顾不上吃饭，火速赶到株洲。一路车马劳顿，让肚子里的孩子也陪着自己接受磨砺和考验。

为了及时完成工作，她顾不得怀着孩子的艰难和不便，跑上跑下还依然坚持做接待。有一次省生态环境监测中心的评审员刘乐君来张家界检查指导工作，宋维彦尽地主之谊，与肚里的孩子一起陪她聊天、陪她散步，用真诚和热情，深深地感动着客人。在这些交流接待中，她认识了不少行业里的领导和专家，也交了不少行业挚友，为后续工作带来了锦上添花的效果。

她还利用在外检查评审之便，与省监测中心领导和各科室交流协调，为单位争取到多个项目和更多利益。

2014 年至今，她亲自做了 6 次扩项评审、复评审，正所谓 "谓有金石姿，良工心磨砺"，每一次评审都是成长。

尤其是 2022 年扩项评审，时间紧任务重，科室就她和樊莹两人，必须毫不懈怠、争分夺秒地完成任务。

两人每天在资料堆里转来转去，每一个环节都要严格把关，在电脑上轮睛鼓眼，像捉虫子一样，把每份记录、每个数据、每份模拟报告等做得一丝不苟、标准规范。正当工作开展到三分之一，樊莹出去参加一个月重要培训学习。宋维彦只能一肩扛两担，和分析室协商、网上申报、与张家界市场管理局沟通、做好每份文审资料、技术要素肯定和准备，与多个兄弟单位咨询认定过程、与评审组对接、接受询问等，都要亲力亲为、事必躬亲。拼得昼夜不分、眼冒金星，面对堆积如山的资料，忙得像筑巢的燕子，快速不停来回穿梭，字斟句酌高质量完成，直到审核达标。对于不达标的项目，及时向领导汇报，建言献策，进行及时补救，直到每个项目完美申报成功，她才放心。

她写的材料深入浅出，条理清晰，给评委带来了新的见解和启发，也向专家评委们展示出她在评审方面的成果和收获。

每次扩项申报，都是宋维彦挑大梁，正如她自己说的："如果不加班，我就不会那么忙了，但我却找不到那个'不加班'的按钮。就连刷牙、上厕所都在思考'今天的工作要完成哪些内容'。由于用眼过度，经常引发眼睛干涩、眼球充血，为了不误申报时间，靠眼药水维护，也要坚持到底"。

十年来的时光里，她一直殚精竭虑地肩负着监督评审、扩项评审、复评审工作，一直秉持着勤勉笃行、敬业务实的原则，不断努力提高自己的专业能力和综合素质。她一个人从头到尾就像一位母亲守护着自己的孩子，把这些工作做得犹如淬火炼金，每一份辛勤的付出，都做到精益求精，品质卓越。

五

星光不问赶路人，时光不负有心人。二十多年如一日，她执着地奔跑在追梦路上，年过四十依然坚持不断学习，不断提升专业技能和业务能力，积极参加内外业务培训，尽力做到学以增知、学以修身、学以致用。

耐事心更热，知变道不穷。宋维彦作为质量体系文件编写组组长，她牵头于 2017 年 11 月、2019 年 12 月、2021 年 4 月、2022 年 1 月对湖南省张家界生态环境监测中心（原张家界市环境监测中心站）的《管理手册》《程序文件》进行了 4 次修订和 1 次换版。累计编制 91 个章节、100 余份受控文件和 100 余份记录表单。并依照《检验检测机构资质认定评价检验检测机构通用要求》《检验检测机构资质认定生态环境补充要求》，还编制了《湖南省张家界生态环境监测中心监督管理办法》，2022 年 8 月 20 日经本单位第十次中心领导事务会议审议通过。

为确保监测数据质量，宋维彦还负责每年年初制订本单位监测全程序质控措施年度计划，负责原始记录的三级审核及监测报告的审定工作。2014—2022 年完成 540 批共上万余份样品的交接流转，审核质控数据上万项次，审核质量控制结果报告单和监测报告 630 余份。2021 年完成了中国环境监测总站、国家标样所、湖南省市场监管局组织的八轮能力验证活动，结果均为满意。

在质量管理科 10 年，她组织全市监测系统及社会机构参加持证上岗理论、现场操作考核共 280 人 1 200 余项次，保证了所有技术人员 100% 持证上岗。还开展能力验证、人员、仪器比对工作，管理 30 余份人员技术档案。对 220 余台 / 套在用仪器设备重新归类编号，更新作业指导书、期间核查、检定 / 校准及确认质量记录，为 2020 年、2021 年的机构基础能力信息统计填报和审核汇总 4 个区县站统计表的上报工作，奠定了可靠的硬件基础。

知识的积累和实践的磨炼，使宋维彦从一个单纯的实验室分析人员锻炼成为湖南省生态环境监测系统专业能力强、综合素质高的中层干部及业务骨干。

宋维彦作为单位内审组长，坚持原则、严守规矩和底线，每年 6 月负责制订内审计划，编制内审和管理评审资料。坚决不在"你知我知天知地知"的花言巧语中迷方向，确保内审工作不流于形式。

在任湖南省环境监测持证上岗技术专家的同时，她还取得了 pH、总氮、硫化物、总磷、砷、汞、硒、锑、钾、钠、钙、镁、氟化物、硫化物、铵等 40 多个项目的合格证；还是湖南省生态环境监测系统遴选的技术专家、湖南省重点行业企业用地初步采样调查质控专家、湖南省质量监督检查组专家成员、张家界市环境监测系统专业技术大比武专家评委、检验检测机构资质认定内审员。在全市第一届实验室规范化操作考核评比中，获个人二等奖；2007 年获得张家界市环境监测工作技术进步"先进个人"；在 2014 年、2016 年目标考核中，被评为全省质量管理工作先进个人；2022 年荣获致公党先进个人，张家界市人民检察院"益心为公"志愿者，同年荣获湖南省张家界生态环境监测中心"先进个人"的光荣称号。

采访结束时，宋维彦高兴地说："我现在家庭幸福，夫妻和睦，还有一双听话的好儿女，这是我人生最宝贵的精神支柱，也是自己努力工作的最大动力。我在质量管理科已工作10年，虽苦犹甜，再累亦荣，不仅习惯了这份工作，而且爱上了这份工作，从此扎根这个岗位，要把这项工作做精做出彩，希望自己成为一名专家级的环保战士。"

十九、润物细无声　环保赤子情

一

这是个强悍好拼，刚正不阿，有勇有谋，能文能武，集灵气、霸气、才气于一身的杰出人才。他就是现任张家界市生态环境监测中心党支部书记、主任胡家忠。

1970 年，他出生在张家界市永定区天门山镇，也就是原大坪镇柏树村一农民家庭，三兄弟中他是老大，小时候三兄弟合伙淘气，不想读书。初中升高中复读两次后，突然开悟，意识到读书的重要性。

他从小受土地恩惠，对土地有着一种特殊的情感，时常做着"种豆南山下"的田园梦。在高中发奋，各科成绩优异，并立志为改变农业生态环境而读书，因此高考六个志愿全报农业大学，但规定必须报一个不同行业志愿。依照老师的指点，胡家忠报了吉首大学。在招生办面试时，大学招生老师要求他展示粉笔字和普通话朗读。写粉笔字是他的看家本领，轻松过关。普通话，对于来自山沟沟的胡家忠来说，盘古开天头一回，紧张得手脚冰凉人发懵，不知说什么好。老师提醒，要他朗诵古诗。于是他用既不是土家方言的音准，也没有普通话的音调，像刚开叫的小公鸡，憋得脸红脖子粗，发出一串短促、别扭、鸳钝、羞涩的声音。一首《山居秋暝》背完，老师说："你这普通话讲得，都不知道你是哪里的人了。"就这样，胡家忠庆幸自己的"塑料普通话"帮了大忙，使他如愿以偿进入"湖南农学院"学习"农业环境保护"专业。

鸟欲高飞先振翅，人求上进先读书。大学生活轻松自由，有更多的时间供自己支配，读书全靠自觉，没有固定教室，没有老师逼着你去读书学习。在这种环境下容易让人放纵，沉迷于轻松自由的生活。但胡家忠没有放纵自己，他深知，只有学到真本事，才能在以后的工作中立于不败之地。他自律努力奋斗，以梦为马、不负韶华，整天泡在学校图书馆看书，钻研"水资源保护、土地保护、大气保护、生态农业推广、畜禽养殖污染治理、农业生物多样性保护"等方面的知识，从而增长自己的见识，扩大自己的眼界。

1992年春，胡家忠读到一篇来自家乡的《金鞭溪的水质情况》一文。文中反映景区因宾馆、饭店迅速发展，游客大量涌入后，出现了严重的环境污染问题。毕竟，大自然是没有围墙的，金鞭溪的水也被污染。

此事对胡家忠影响很大，他心灵一阵震颤，于是联想到了家乡人赖以生存的母亲河——澧水，是否也遭到了污染？

想到此，风华正茂的胡家忠，再也按捺不住自己的狂热心情，利用暑假，毛遂自荐到永定区环保局实习一个月。像巡河使者，披朝露而出，踏黄昏而归，到澧水河观察水的颜色、闻水的气味，摸石头、抓水草、观青苔。还进行水的pH值、溶解氧、氨氮、亚硝酸盐、硝酸盐、铜、铅、锰、钠等化学指标监测。跟着实践老师对水中细菌、病毒等微生物的含量、重金属、农药、化学品等有害物质的有机物和放射性物质进行监测分析，并做了详细记录。回到学校后，根据笔记从研究背景、研究方法、环境因素、水质情况、污染物分析、保护措施、结论与展望七个方面写出了一篇一万余字的《关于澧水流域水质变化趋势的调研报告》，博得师生一致好评，并将他推上湖南农学院的领奖台，为自己人生画上了精彩一笔。

胡家忠在永定区环保局实习的一个月，他的工作表现和做事能力，深得时任局长王祥定的器重信任。从那之后，王局长像媒婆盯上了胡家忠。胡家忠返校后，王局长常与他联系，遇到问题写信请求帮忙。那时没有手机，单靠书信联系。有一次，永定区官黎坪街道办事处（以前叫官黎坪乡）的杆子坪砖厂生产的碳化砖含放射性元素超标，王局长写信请他查资料证实。胡家忠看完信，立马查阅相关资料，并到科研院所找专家求证。经查，原来碳化砖的原材料的确含有氡这种辐射物。当他把这一情况写信告诉王局长，王局长当机立断，并以此为依据，对砖厂进行了严格整改。

1993 年 8 月，胡家忠大学刚毕业，王局长直接到人事局要他。人事局领导说，暂时没编制。王局长说，这个人先放在我身边，编制总会有的。就这样，胡家忠成为永定区环保局办公室的得力干将。

在这里，他脚踏实地、意气风发，激扬文字。日常工作外，读书学习写文章。上班不久，第四届国际森林保护节在张家界隆重召开，胡家忠第一次身临其境，激情难抑，一篇《森保节一条街》挥洒于笔端，并登上《张家界日报》，由此深受鼓舞，一发不可收拾，经常弄出一些"豆腐块"现身报端。1996 年，他撰写的《拼出来的局长——记张家界市环保局局长刘绍建》一文，登上《湖南环境报》头版头条。这篇文章在湖南省环境行业内引起强烈反响，胡家忠的名字因此小有名气，同时也将他推上了张家界市环境保护局办公室，主管宣传报道工作。他用手中的笔真诚地为保护张家界的山水美、生态美、环境美而摇旗呐喊，他的更多文章出现在《中国环境报》《湖南省环境报》《湖南日报》《张家界日报》等报刊，其中《不能让金鞭溪再受污染》刊登在《湖南日报》，用默默付出和热血衷肠，几经挑灯夜战，几度风霜雨雪，把生态环境保护工作者的故事写进张家界环保事业辉煌的乐章。

　　胡家忠自参加工作以来，从不懈怠读书学习。他爱读书、会读书，有过目不忘的惊人记忆。还养成记笔记、写日记的习惯，几十年来记下笔记、日记近 300 万字。还写下十多篇高质量论文，其中《建立"六个"机制，破西部环境监测发展瓶颈》获"中国环境科学学会"二等奖，《空气质量排名怎样更靠谱？》《西部地区如何应对监测社会化挑战？》《基层环境监测力量要成为污染源普查的主力军》等，获中国环境报社优秀奖，这些荣誉更加彰显了他不凡的才能。

　　当翻开胡家忠日记本的一瞬间，眼前突然一亮，那干净整齐、清楚明了的字迹，令人赏心悦目。他上党课、作报告、演讲，全是自己写稿，真是字如其人，严谨中不失雅致，隽永而更见功底，笔记和日记撰写如此精致漂亮，更显其才干和魄力。

　　"窗外日光弹指过，席间花影坐前移"。在办公室工作了 8 年的胡家忠，2002 年 12 月，凭借他的才华和努力，经严格筛选，以面试演讲第一，被提拔为环境监测站站长。在这个位置上，他以较强的沟通能力、技术协调力、执行力及睿智的洞察力，大显身手。

　　为了认真贯彻执行国务院《关于加强环境保护若干问题的决定》，政府采取建章、立制、问责举措，不断压实环保责任，大力调整产业结构，全面推进环境保护工作，对全市两百多个大小厂矿企业进行严格调查登记和整治。

在这些整治工作中，胡家忠及时受理举报环境污染或者生态破坏事项，午夜出征是常态，凌晨两三点上班成必然，有时实在累了困了，就在办公室打个盹。一切的一切，都是为了环境监测，拼得黑眼圈再深几许也无怨无悔。

2003年夏，某施工队夜间施工扰民。胡家忠接到群众电话投诉，他子夜突袭逮个正着，并依法处理。施工队对此不服，一纸诉状将环境监测站告上法庭。胡家忠亲自出庭，手握《中华人民共和国环境保护法》《中华人民共和国噪声污染防治法》利器，以横刀立马，大义凛然的气魄，为民解难、义正辞严对簿公堂。一番唇枪舌剑，"应对如转丸，疏通略文字"，驳得对方哑口无言，官司完美胜诉。这一案例，为社会公众上了生动一课，对生态环境领域违法犯罪形成强大震慑，为生态保护、生态旅游高质量发展增添了一抹正义色彩。

2005年，他按照政府指令，依法依规开展环境违法整治，全市取缔了3家钒矿厂、2家镍钼矿厂，强行关闭了5个小型石灰窑等一批重污染企业，全年完成征收排污费300余万元，有力地减轻了烟尘、工业粉尘、二氧化硫等污染物的排放，大大促进了环境质量的改善，使张家界的天更蓝、水更清、山更绿。这一年，胡家忠由于成绩突出，连获"全国打击环境违法行为先进个人"、"湖南省环境保护系统精神文明建设先进个人"、全国"排污费征收工作先进个人"三大殊荣。

胡家忠也因此备受鼓舞，抖擞精神继续踔厉奋发、勇毅前行。

2006 年，张家界市环境监测站升格为副处级单位，胡家忠又调回环境保护局，任环境管理科科长。他肩负环境执法重任，常年都在繁杂忙碌中度过。他与同事们一道走慈利、进桑植、访永定、踏武陵源，斗酷暑、战严寒，走村串乡，跋山涉水，到各地厂矿企业、宾馆、旅社等部门，对污染、乱采滥挖、违法排污等行为进行严厉打击，有效地保护了全市水资源、土壤、空气不受污染。

在这些工作中，大部分企业老板都能配合，但也不乏故意刁难之辈。有的借停产为由故意躲避环境执法检查，甚至对填埋矿渣处理阳奉阴违，个别钉子户老板，比泥鳅还滑、比狐狸还精，玩起猫捉老鼠的游戏，虽然明知躲得过初一躲不过十五，但就是要制造点麻烦让人难受。

春末的一天，为了赶时间，胡家忠一大早就驾车出发了。持续的降雨，把上山运矿的简易路冲刷得七零八落，有多处垮坎塌方，车子无法行进，胡家忠下车后沿小路而行。

这是他第三次去慈利县高桥镇黄林峪村，找陈老板核实矿场基本情况和矿渣填埋处理问题。前两次陈老板说好在家等，可当胡家忠到他家时，只有冷房独院孤立山间，连人毛都没见着，打电话联系，他说到常德办事一时半会儿赶不回，请改日再联系。

雨后阴天，道路异常泥泞湿滑，胡家忠走得提心吊胆。

路越走越窄，坡越来越陡，有的地方被开采的矿渣埋没，要从这些泥石上翻过去，而这些横七竖八的乱石暗藏玄机，胡家忠唯有小心再小心。为了安全起见，他屈体弯腰爬过。

正当胡家忠快要走过这截地段时，迈步踏在一块石头上，谁料这石头搁在下面凸起的石头上，是活动的，一摇三晃，他大喝一声"不好"，咣当一下滚入浓密的芭茅丛，没了人影。待他回过神来，发现自己横卧在深坑里。他爬起来动动身子和手脚，没有大碍，只是手和脸上多处划伤，血流如注。他无心顾及这些，仔细查看，寻找出路。这是个开矿未遂被废弃的坑道，足有两三米深，他爬了几次，都因太滑而徒劳无功。

胡家忠陷在坑道，叫天天不应，叫地地不灵。他一摸口袋，手机还在，直接拨通陈老板的电话："喂，陈老板，都是你干的好事，我掉进你挖的'陷阱'里了，若不想我死在这里，快来救人一命吧！"

这下陈老板急了，生怕弄出事故来，赶紧找人抬着梯子直奔坑道。救出胡家忠后，陈老板被眼前这个满脸血迹、浑身湿泥的环保人感动了，良心回归，心想：他们为了工作，连性命都不顾，而自己为了赚钱，损害环境还自认有理，突然觉得对不住人，一个劲地赔礼道歉，说："胡科长，难为你了，对不起，以后我一定好好配合！"从这一刻起，环境保护这一抽象概念，通过胡家忠不畏艰险的行动，渐渐内化为他的自我认同，从"我要逃避"到"我要配合"的鸿沟，就这样被悄无声息地跨越了。

二

2007年5月16日，苍白的太阳有气无力地挂在天上，带着不祥的苍老颜色，把公路两边的山岭照得像鸦片客的脸一样惨白。我和张家界市环境保护研究所所长陈志壮并排坐着，一路上不停地说话，说家庭、说孩子、说工作，天南地北地说。真是怪，我俩是朝夕相处的好友，今天的话格外多，一刻也没停过。车过三家馆、燕子坪、兰公塔，爬上易思坡顶，陈志壮激情高涨，侃侃而谈，竟然话题一转，说起了覃垕王的传说。省领导听了，夸他的故事精彩。这时，车过渔潭电站大坝，行至现在的茅岩河镇（即以前的温塘）境内，20世纪80年代前，温塘属茅岗区，大庸共8个区，茅岗属"六区"管辖，是张家界的"西部"地区。武陵山区历来被蔑称为"蛮夷"之地，这里重山复岭，涧深林密，怪石耸立，地广人稀。新中国成立前，此地是土匪横行霸道杀人越货之地，中国最后一个被击毙的土匪头子覃国卿就是这里人。

车在这样诡异莫测的峡谷里蛇行前进，陈志壮说完覃垕王的故事，意犹未尽，接着又说起从前大庸、沅陵两老庚"扯脱夸"的故事……

两老庚酒过三巡，乘着酒兴比狠、夸海口。沅陵老庚有些意气风发地张口就来："沅陵夸父山，离天三尺三，坐轿要卸顶，骑马要下鞍"。大庸老庚听了毫不示弱地回敬道："大庸有个猪石头，半截伸到天里头，你若想要上天去……"最后一句"需走三天下坡路"还没说出来，突然，在一个拐弯处，一辆拖煤货车迎面驶来，司机以迅雷不及掩耳之势，一把急转方向盘，但还是晚了半拍，轰隆！震耳欲聋的一声巨响，我觉得自己的身体有了悬空的感觉，心里却是一片死样的沉静。身子被抛扔，猛烈地撞在车壁上，弹回，掉到右边过道上，人和车都没了动静，山野一片死寂！

虽然只是短短几秒钟发生的事，像隔了很久，我才觉得自己还活着，试着伸伸手，蹬蹬腿，歪歪头，脑袋和四肢都在，我的第一感觉是，我们出了车祸，不小的车祸……

我急切地叫着，急切地想着，急切地望着……转过头，看见好友陈志壮的头偏向我刚才坐着的地方，安详地睡着了。"死"，这个字眼从脑海迅速闪过，我大声呼喊着好友的名字，没有回音。

艰难地爬起来，我弯腰想扶他一把，这下才意识到自己的身体已无法完成大脑指挥，弯不下立不稳，只能靠在车壁上，眼巴巴地看着他"睡觉"。再看其他人，司机卡在驾驶座上也没了动静，另外五人都受到不同程度的创伤，车内一片狼藉，金杯商务车破败不堪，严重变形。这时候车厢内有了响动，大家的教养都不错，尽管有人满脸是血，省里一位专家受了重伤，前胸一片血红，面色惨白，还在昏迷，不知是死是活……但没有人哭叫咒骂、哼哼咧咧。能活动的都慢慢直起身子。我咬紧牙关，支撑着自己的伤体，从副驾驶窗口爬出，连忙拨通了120，拨通了单位领导的电话……

我不死心，跑回车窗朝着好友呼唤，还是没有回音，他静静地睡着，我再也控制不住，发出悲嚎般地狂呼："快来人了呀，车内还有人没出来……"四十多分钟后，救援的人来了。在众人帮助下，金杯车车顶被强行揭开，好友陈志壮被抬了出来，放进货车厢里，还是那样安静地睡着。我望着他，不相信他会这样离去，因为刚才我俩说话的余音还在……

在货车上，抢救的人说："身上还是热的，不会死。"并使劲拍打他的心脏，但还是没反应。一个素不相识的中年男人，毫不犹豫地跳上车，继续拍打他的胸脯，随着一声鸣叫，货车向来路驶去……

三天后，我的好友要上山了，而我却躺在医院的病床上，想去送好友最后一程，可我动不了，只好含着泪，默默地躺在病床上想着、想着……

陈志壮将自己年轻的生命献给了伟大壮丽的环保事业，用短暂的一生，绽放出最绚烂的霞光，他的名字将永远铭刻在张家界的大山之巅——那是铁军英魂。

这是湖南省张家界生态环境监测中心主任、党支部书记胡家忠写下的日记。那一年，胡家忠在张家界市环境保护局任环境管理科科长，那天他和陈志壮，陪同湖南省环境保护局、湖南省水利水电勘测设计院的领导、专家，一行8人去察看桑植县至鹤峰县公路改造建设项目现场，进行环境影响评价审查。不幸在中途遭遇一场惨烈车祸，造成2死6伤，其中陈志壮当场身亡，司机在去医院途中不幸离世，胡家忠和一位省专家重伤，4人轻伤。不幸中的万幸是，车受到护栏保护，没有掉下河，否则全军覆没。胡家忠在这场车祸中遭到重创，当时身体麻木痛感不剧烈，以为自己并无大碍。

到医院做检查时，身体反应过来后，哎哟、哎哟只叫唤，问医生"我整个上身痛得要命，这是怎么了？"

医生说："你左肋骨断了4根，右肋骨断了3根，有根肋骨错位擦伤肺部，能不痛吗？"

胡家忠问："不死就好，多久能出院？"

"你以为芭茅拉个口那么简单，这个样子就想出院？在医院躺两个月再说！"医生回道。

胡家忠连说不行，办公室一大堆事要及时处理，桑植、慈利几个建设项目，与专家的磋商沟通还等着我，不能影响工作。争辩中，不觉又一声哎哟，疼！

胡家忠盼星星盼月亮，望眼欲穿，在张家界市人民医院与车祸疼痛较量 45 天后，提前出院了。第二天，他像上足发条的时钟出现在办公室忙着写环境影响评估报告，疼痛锥心刺骨，脸上直淌汗水，直到动弹不得时，才悄悄叫人陪他上医院，在众人面前却装得若无其事。一天，去武陵源某工程搞环境影响评估，熟人见到他打招呼，一向热情大方的他却爱理不理，整个过程都一言不发。

如此一反常态，弄得别人一头雾水，忍不住问道："胡科长，好久不见，你不认得我了？"胡家忠苦笑一下，说："我身上疼，一说话更疼……"

同去的周渺峰告诉对方，胡科长身上的伤还没完全好。

"哦，是上次的车祸伤吧，急什么，等伤好了再上班啊！"对方说道。

"这事已经耽搁许久了，不能再拖了。"胡家忠说着，痛得咧咧嘴。旁边几名工作人员听到，都向胡家忠投来敬仰的目光。

回到家，胡家忠倒在沙发上动弹不得，对他的"自作自受"，妻子既无奈又心酸，心疼地说："你能不能好好爱惜下自己的身体？"

就这样折腾了很久，才慢慢恢复正常。他一心扑在工作上，足迹遍布永定、武陵源、桑植、慈利两区两县的村村寨寨、沟沟坎坎，参加现场巡查，跟踪检查环境问题整改，审核各类报告的环境保护内容，对存在的问题提出整改意见。更多的时候，他都在出差、开会、写方案、改报告，这正是他对山水的挚爱，把他早早地拖进了环境保护的办公楼中，拖进了荒山野岭的勘查现场，拖进了临时办公的酒店房间里……

别人说他福大命大，天降横祸却躲过一劫。但因保守治疗没做手术，从此，那个身子笔挺、走路生风的胡家忠，成了左肩低右肩高的现代版"徐九经"身段。

因车祸致残，有好心人劝他换个轻松工作岗位，可胡家忠却做出了一个出人意料的惊人选择。

三

胡家忠没有听好心人的劝说，更没有因昨天的眼泪，湿了今天的太阳，而是放弃别人千方百计钻破脑壳都想得到的那个金光闪闪的公务员身份，以"沧海可填山可移，男儿志气当如斯"的豪情，毅然决然到事业单位——张家界市环境监测中心站去。

真要跨出这一步，有人大泼冷水，说一个人少底子差、连办公楼都没有的穷单位，真是"省着花被子不盖，偏去乌龟壳上翻跟斗"。

他笑笑说："说的也是，我就是翻翻跟斗给世人看，走出条路来让大家瞧瞧！"

2009 年 7 月 16 日，张家界市环境保护局组织环境监测中心站站长岗位竞争上岗，他在竞岗时说："自从那次车祸后，总有人对我说，大难不死，必有后福。可我觉得到环境监测中心站去施展自己的抱负，当好环境保护的'千里眼、顺风耳'，有力支撑张家界市生态环境监测精准、依法治理，实现环境保护监测向智慧化、科学化发展，这才是我的福。"经竞岗演说、民主测评、组织研究，胡家忠当选为站长。同年 7 月 24 日他正式上任。

上任伊始，摆在他面前的是一堆乱麻般的困难。一是监测技术力量薄弱，每次考核比赛，成绩靠后。二是仪器设备相当匮乏，如同战场上别人都用飞机大炮速战速决，他们只能以大刀长矛拼命搏击。三是实验室场地狭窄，布局相当拥挤，大家挤在一起，既影响工作效率又不安全。四是消耗多、效益差，没有经济后盾作支撑。五是人员少、基础差，高学历人员奇缺，又是对个人发展升职不太有利的事业单位，因此"985""211"高材生不愿进来，更没人愿意来此当领导。

甚至一度被社会误解，笑胡家忠就是个"扫把大姐"的领班，遭世人白眼，企图诋毁他的志向。

但这些世俗偏见，都没有撼动他的意志，再大的困难都没有难住他，他不仅要"翻跟斗"，还要做"山民"，吃"清水"，喝"空气"，专门与山水为伍，为监测事业下真功、做实事。

2009 年，全国性土壤污染调查工作接近尾声，胡家忠带领员工，三伏天脚套雨靴，亲自陪同采样人员翻高山，跨险峰，涉深涧，入老林，与毒蛇、蚂蟥交战，与黄蜂野兽周旋，冒险找点，满身风尘一脸疲惫出没在采样点、实验室，查质量、抓进度。

那个夏日，胡家忠带员工到桑植县龙潭坪镇溪口村垴尖上做土壤污染大调查。那时，多数土壤采样的地方，都极艰苦、极荒凉、极落后，没有自来水、电灯，更没有电扇、空调。他们白天顶着酷暑跋山涉水现场考察，晚上在蜡烛的照明下查找资料、整理数据，风餐露宿更是家常便饭。驻地没窗帘，就把带来的塑料雨衣拿来将就。比自然条件更严峻的是，一些地方太艰苦，将受到无法预知的危险威胁。

一天清晨，窗外鸟声四起，一晚上尽想着土壤采样任务的胡家忠翻来覆去睡不着，索性早早起来上山查看采样地。那地方在一个山湾里，来回要经过一个荆棘密布的乱葬岗。回来时走到乱葬岗，不料一脚踏空，跌入一处被青草覆盖的大坟坑。他摔得鼻青脸肿，左脚崴伤痛得要命，只好提脚单腿跳着往回走。累了就歇会儿再跳，两里多路，他跳了个把小时，实在跳不动了，拿出手机打电话，可是没信号，他就发挥少年时"通信靠吼"的功力，呼唤周渺峰和吴鹏。

喊了很久，周渺峰和吴鹏对这种"通信"法毫无敏感，听而不闻。而这正是房东熟悉的传声法，她耳朵尖一下就听见有人在喊。

当她听清是怎么回事后，赶紧告诉周渺峰和吴鹏。两人找到胡家忠时，同时惊呆了，问："这么早，你怎么摔成这个样子？是不是出去太早，遇到什么不干净的东西了？"

"哪有什么不干净的东西，是自己不小心掉进坟坑了！"胡家忠说得若无其事，可把周渺峰和吴鹏吓了一跳，背起胡家忠就往回跑。

回到住地，房主得知他去了乱葬岗，连吐三个"呸、呸、呸！"，说："胡站长胆子天大啊！你们有所不知，解放前，那是土匪杀人越货的关卡，留下尸骨遍地。解放后，政府派人将那些无名尸骨就地掩埋，从此变成一片坟场。"

"据说，那里经常可以听到阴森恐怖的叫声。村里的长者们说，这是乱葬岗中的鬼魂发出的叫声，任何人一旦听到这叫声，就会陷入不幸和灾难之中，因此，本地人从来不敢单独路过此地。"

听房主说完，胡家忠说："为人不做亏心事，半夜不怕鬼敲门。我们做的是尊重大自然、保护大自然的好事，宇宙万物都会感激我们，因此我不怕。"说得房主连连点头称"这话有理！"

这次的摔伤比起他经历的车祸来，根本不值一提，他说："为了造福子孙后代，我愿意把所有的苦都吃掉！"他对脚伤进行简单处理后，仍然杵着棍子瘸着腿坚持和小组战斗到完成任务，就这样通过咬牙坚持的行动，展现了一种叫"率先垂范"的榜样力量。

这场艰苦鏖战，经过两年多的辛勤付出，张家界土壤污染状况调查取得全省名列前茅的好成绩。胡家忠赢得了"湖南省环境保护系统优秀站长"和"湖南省土壤污染调查工作先进个人"双喜开门红。他所受的累吃的苦，在这一刻都值了。

四

全新的开始，也是一份生命中的责任和使命。

胡家忠在带领员工艰苦奋斗的同时，利用党课凝心铸魂，盘活思想，张家界市环境监测中心站六楼会议室，胡家忠用一堂堂"润物细无声"的党课，巩固正确的世界观、人生观、价值观，鼓励员工积极上进，争当社会强者。

他的党课教育，不是"雨过地皮湿"，而是始终以"真理说服人、真情感染人、真实打动人"。经常拉几条板凳，党员围坐在一起，听理论、谈政策、聊发展，和员工交流。让党课教育的效果看得见、摸得着，起到思想上坚定信念，行动上真抓实干的奇效。

胡家忠明白"一名伟大的球星最突出的能力就是让周围的队友变得更好"。也深知，要使山谷肥沃，就得时常栽树；要使单位旺盛，必须培养人才。

在召开的班子会上，他说："磨刀不误砍柴工，我们要将现有的人员积极性调动起来，送出去学知识、长见识、开眼界，全面提升。他们虽然文化不高，但古人说得好，天下之至拙，能胜天下之至巧，只要听话、肯学、肯上进，就有希望。"还强调指出："要给员工最好的资源、最好的工具，使其取得更理想的成绩，团队内部要树立标杆，找出真正功臣。"

胡家忠利用"走出去""请进来"相结合的方式，邀请中国环境监测总站和湖南省环境监测中心站及发达市（州）环境监测中心站的专家、高校教授来单位进行培训。在经费极度紧张的情况下，将人员送出去参加各项技术培训。对大型仪器设备的使用操作培训，将监测员送到湖南省环境监测中心站和仪器厂家进行培训。还根据监测员需求，送至其他市（州）监测中心站培训。通过多种途径，寻求业内顶级专家教授，请到张家界市环境监测中心站授课讲座和技术指导。内部培训更少，有质量体系文件、生态环境监测知识等培训。每年全省职工技术比赛前，进行高质量的严格培训辅导，使每个监测人在培训中不断挑战，不断突破自己的极限，成为更优秀的技术精英。

2013年，胡家忠在湖南省环保厅了解到，有位退休老专家叫庄兰甫，是做实验分析的高手。为了请庄教授授课，他亲自上门拜访，向年近古稀仍然健康精干的庄教授说明来意，庄教授爽快应允。同时邀请长沙市生态环境局总工程师许雄飞一同前来授课。如愿请得真佛回程，胡家忠觉得自己运气太好，真是"福自天来飞，乐从地上生"。

两位教授采用理论与实践相结合的方式授课。上午理论讲座，重点句式解释、教材例题演示、知识点概念讲解等。用生动、活泼的语言和手势，通过实例讲解、观点论述、讲述经验故事等，使学员们能够更好地理解、消化讲述的内容。下午做实验，两位老师手把手地教，监测中心的学员们躬体力行地做，大家心里都澎湃着烈火般的激情，憋着一肚子热腾腾劲头，争分夺秒、如饥似渴地学理论、学知识、学操作、学经验。通过三天培训，大有听君一席话，胜读十年书的收获。

后来，胡家忠每年都请专家来单位授课。

2014年，中国环境监测总站的办公室原副主任、现任党委委员、副站长、现场室主任陈传忠来湖南调研，胡家忠有幸认识他，并得知他是湖南益阳人，请来授课是题中应有之义。

2015年，中国环境监测总站生态室主任罗海江，北京师范大学毕业的高才生，生态学专家，湖南邵阳人，成了张家界监测中心的座上宾。

2016年，请湘潭市监测中心副主任、监测技术专家齐勇刚，来单位讲座。还有吉首大学退休的动植物专家廖博儒，成为监测中心倾情相帮的常客。

正好比过河遇到摆渡人，请得高人来授课，让员工们大开视野大有长进。

从此，中南林业科技大学、长沙大学、吉首大学、湖南农业大学等高校的诸多教授都是张家界市环境监测中心站员工的恩师。胡家忠还经常带领自己的员工，到这些大学进行交流学习。胡家忠尽其所能为自己的团队搭桥牵线，导航引路，拓展人脉，在宏大的时代背景上搭建了一个可以纤毫毕现展示个人才能的奋战舞台。14 年间，培训学习共达 150 多次，先后请专家教授达 70 多人次，通过不懈努力和持之以恒的培训学习，使这些肩负重任的监测人结识优秀的同行，直接同他们交流，大大促进了监测技术的迅速提升，为他们的人生开辟了新的舞台。

"历经天华成此景，人间万事出艰辛。"成功就是一万次的千锤百炼之后，一万零一次的举重若轻。2014 年秋，由湖南省总工会、湖南省生态环境厅、湖南省人力资源和社会保障厅、湖南省水利厅、湖南省住房和城乡建设厅五个部门组织的环境监测大比武，黄斌的狠劲发挥出来了，以非凡的技能勇立潮头一举夺冠。当天深夜零点，湖南省生态环境厅领导打电话向胡家忠报喜。听到这个爆炸喜讯，他欣喜若狂地宣布今天是个好日子，打开冰箱取一瓶啤酒，啪叽拉开，咕嘟咕嘟一饮而尽。顿感热血沸腾，手之舞之，足之蹈之，激情感叹："啊！我的心血没有白费！黄斌，好样的！你为张家界长脸了！"

龙抬头，好兆头。通过培训学习，随之而来的是邱帅、樊玲凤、于湘红、樊莹、梁鑫等，一路拼搏，一路成长，都成为环境监测的铁军人物。还有周渺峰、高峰、田丰三名被称为"三峰"的退伍军人，已分别担任副主任、自动监测科科长、现场管理科科长，成为单位的顶梁柱。

"德星降人福，时雨助岁功。"胡家忠相信所有付出和努力都会换来最美好的结果。自从到张家界市环境监测中心站担任站长以来，他把所有评先评优机会都给予一线工作人员和集体，而且极力推荐、据理力争。

2021年，邱帅参加湖南省第十五届生态环境监测专业技术人员大比武，又一次获湖南省生态环境厅直属单位分析技能组一等奖，按条件她理应获湖南省先进工作者，但省生态环境厅领导考虑到邱帅头年刚评上"湖南省先进工作者"，现在应该把名额让给其他人。胡家忠接到电话后，虽心有不甘，但不能为难领导。他想，一线工作人员这样铁心支持、坚定付出，岂能辜负？想来想去，他心里突然灵光一现，省里不行，申报国家的，立即向市总工会、市妇联汇报，得到支持，并申报成功，2022年邱帅获"全国五一劳动奖章"，2023年3月获"全国三八红旗手"殊荣。

耐心之树，结黄金之果。短短十多年，一个20人的小单位，被胡家忠推出 5 人入选生态环境部环境监测"三五人才"，4 人先后荣摘全省技术比武桂冠，1 人勇摘全国技术比赛一等奖的好成绩，2 人分别当选中国共产党第十九次全国代表大会代表、张家界市第八届党代表大会代表，3 人分别多次荣获"全国五一劳动奖章""全国巾帼建功标兵""湖南省五一劳动奖章"等荣誉称号。

　　进入中华伟大复兴的新时代，湖南省张家界生态环境监测中心实现了跨越式发展，监测能力由以前 6 大类 125 项扩项至 8 大类 345 项，率先在全省开展生物多样性特色监测，并取得突破性进展。荣获 2020 年度"优秀领导班子"称号，先后被授予"全省生态环境保护工作先进集体"、"湖南好人·最美生态环境保护者"先进集体、"张家界市巾帼文明岗"等三十多个殊荣。2023 年，又获人力资源和社会保障部、生态环境部授予的"全国生态环境系统先进集体"顶级荣耀，并以"铁军楷模"的标杆形象现身《中国环境报》，开创了湖南省张家界生态环境监测中心新的辉煌历史。

　　这些光环激起了湖南省张家界生态环境监测中心空前的凝聚力和自豪感，也成就了历史性的辉煌时刻。胡家忠自然欣喜万分，但他从来没有为自己争取过任何大奖。他说："一人强，不是强，再强也是一只羊。只有队员强了，才有团队强，团队强，才是强，才是一群狼！"还说："监测中心由弱到强，成为先进集体离不开前辈们的付出，我们会努力把他们的精神发扬光大，让湖南省张家界生态环境监测中心的各项事业更上一层楼。"

湖南省张家界生态环境监测中心遥远地呼应着亚马逊集团贝索斯那个著名的"两张披萨饼原则"，意思是最有活力的团队规模就是六到十人，一顿聚餐两张披萨饼就够。正如中国古老智慧所说的，"人多相捱，龙多发癫"，也就是说，好的不用多，一个顶十个。单位虽然人少，但个个都是能挑重担的实干家。

湖南省张家界生态环境监测中心与张家界市生态环境局共用一栋办公楼，曾经生态环境局不少人不知道监测人是昼夜不分、节假日不休息的"鳄鱼人"，下班后经常打监测中心办公室的电话，数落下班后实验室又忘记关灯。当他们得知内情后，每见到灯火辉煌的监测中心，会情不自禁地说："这些夜猫子，又在拼命加班抢任务了！"

从 2017 年开始承担国家下发的采测分离任务，并在国家网、土壤网中主动承担部分项目的分析，还先后承担湖南省生态环境厅下发的湘西州花垣县、龙山县环境质量和污染源监测任务。圆满完成水、大气、土壤、噪声等各类环境要素监测任务，用"真、准、全"数据，反映张家界真实的环境质量状态。2017 年、2018 年张家界母亲河澧水水源两次获得"中国好水"的美称。2023 年全市国控断面地表水水质排名全国第八，县级以上集中式饮用水水源地水质达标率保持 100%，省考断面水质连续两年排名全省第一；2018 年成功创建环境空气质量达标城市，并在 2019—2023 年持续巩固环境空气质量达标城市创建成果。

这些闪亮的荣耀，不是靠笔写出来的，也不是靠嘴巴吹出来的，更不是靠钱托关系求取来的，而是大家团结奋斗、锲而不舍、天道酬勤的硕果。

胡家忠，这个善德向民的优秀干部，心里总是装着来之不易的情谊和可遇不可求的缘分，不仅在工作和事业上关心员工，生活上更是无微不至，与他们交友谈心，帮助他们解决困难，用德行善举回馈员工、感恩员工。

2018 年 1 月，生态环境部安排部署的湘西州花垣县污染土壤调查样品分析任务已接近尾声，这时，一个不幸的消息传来，邱帅的母亲电话里哭着告诉胡家忠，邱帅的父亲走了，为了不影响工作，此事暂时不让邱帅知道。胡家忠接完电话，心情很沉重。

邱帅的父亲与病魔抗争了两年多，最终还是撒手人寰。挑大梁的黄斌因参加一个重要会议而出差在外，能胜任这项工作的另一位技术骨干就是邱帅。邱帅和战斗小组正在完成任务的关键时刻，每天忙碌在实验室，根本不知道父亲已经与她阴阳两隔。

人非草木，孰能无情？胡家忠看着这样公而忘私、默默奉献的好同志。他情动于衷，组织班子成员和员工驱车几百里，赶到宁乡市夏铎铺镇秀山冲村的一个农民家，替邱帅尽孝，送亡灵最后一程。邱帅的母亲见到来自女儿单位的领导和同事，却没见到自己的女儿，一阵剜心之痛，使她再次陷入悲伤……

灵堂香烟缭绕，纸钱翻飞，哀乐低沉，深深地刺痛人心。胡家忠燃一炷香火，行大礼叩拜，第一时间请求天堂的邱老哥谅解！

古有何麟替下属揽过的典故，今有胡家忠代手下奔丧的佳话。这个铁汉柔情之人，多年来，无论谁有困难，他都会帮助他们。对员工家里红白喜事，他都参加，拜年探望，以情感人，凝聚人心。正如员工们说的："胡家忠主任，有菩萨心肠，也有金刚手段，善良中还带点锋芒，而且识人用人，他心里有我们员工，但赏罚分明，不是排排坐，吃果果，你一个，我一个。他是论功行赏，大家都服。能遇上这样的好领导，哪怕累死，也愿意舍命陪君子"。是的，有这样一个"义正胸阔爱长存，气虹豪迈男儿魂"的领头羊，和这样铁心跟随的团队，怎能不创造奇迹？！

五

2021 年 7 月 28 日，是个恐慌的日子，成都一家三口在张家界旅游时感染流感，在武陵源"魅力湘西"剧场两千多游客中炸开了，由此引发全国多地陆续出现"中彩者"，张家界也陷入恐慌和困境中。可怜的导游感染了，忙碌的餐饮老板中招了，辛劳的超市员工倒霉了，几处安置小区蔓延了……一时间，张家界沦陷了，封城了，所有营生行业停摆了。由此，一场全党动员、全民抗击新型冠状病毒肺炎疫情的战斗打响了。

胡家忠立即行动，传达上级会议精神，要求所有人员主动参与疫情防控，取消一切因公、因私外出，做好单位和个人防护，随时准备，积极投入到疫情防控应急监测工作中去。

从8月1日起，张家界监测中心只留下胡家忠和李佩耕、黄斌三人持出入证上班，其余人员均居家办公。这段时间，大家最关注的是健康码绿、黄、红的变化，黄码和红码必须回家隔离，红码必须向所在社区报告，一时间搞得人心惶惶，谈"码"色变。

真是怕什么来什么。8月2日，胡家忠来到办公室，与李佩耕、黄斌三人商量：采测分离及常规监测怎么开展、社区各小区值守志愿服务统计、质控考核结果上报、制定疫情工作签到册、编写疫情日报等工作。

谈完工作，他顺手打开手机看健康码，这一看，吓得眉毛几扯，心脏"咚咚"狂跳，啊呀，健康码黄了！昨晚还是绿色，怎么就黄了？心里很郁闷。黄斌提醒道："昨天是否到梅尼超市购物，手机付款，大数据将之纳入黄码，不少人都是这种情况。"对了，他昨天下班后，确实到梅尼超市买菜，用手机付款。按规定只允许绿码者上班出行，他立即向领导报告此情，毋庸置疑，得到的回答是赶紧回家。

当他回到小区登记时，旁边人看到"黄码"二字，比小偷见到警察还逃得快。胡家忠走进家门，迎接他的是冷锅冷灶。孩子带学生去长沙学习培训，疫情发生后被隔在长沙。爱人在大桥街道办事处疫情防控一线，更回不了家。胡家忠像失群的孤雁，时而忐忑，时而沮丧，时而异想天开，希望黄码变成绿码，可码还是黄着。也罢，"偷得浮生半日闲"，大好时光不如读书。找出《曾国藩记》细读起来，在书中这个无限的世界里，与先贤对话、与智者交流、与万物相伴，不知不觉一天就过去了。

接下来三天，胡家忠最关心的是决定"阴""阳"的核酸检测。黄码不能外出，只好张起耳朵时刻注意窗外新动向，生怕单元长通知核酸检测又被漏掉，因头天晚上痴迷看书而漏检了。他居家四天做了三次核酸检测，结果如同自己的心情，始终阴着。

习惯紧张工作的人，必须在工作中支撑自己。

8月6日下午4点，清脆的电话声打破了他居家隔离的沉寂，张家界市生态环境局朱敷建局长说："你待在家里，简直浪费资源，赶紧来上班，健康码黄着没关系，只要人是'绿'的"。胡家忠喜出望外，调侃道："谢谢朱局长，我愿当抗疫大战马前卒"。说完，兴奋地来到单位，再次投入到抗疫战斗，确保职责内的医疗废物、废水处理等重要工作不出差错。

心中有了事，忙碌的生物钟迅速地运转起来。

疫情突然发生，口罩、酒精、84消毒液、防护服等防疫物资极度缺乏，外环境消杀工作很难到位。胡家忠立即与张家界市防疫指挥部取得联系，三番五次争取到足够的口罩、酒精、84消毒液、医疗防护服、防护面罩、酒精喷雾、矿泉水、免洗凝胶等物资，使奋战一线监测人的防疫用品有了充分保障。同时安排好市内城区所有隔离点和阳湖坪、杨家溪两个污水处理厂的废水采样和监测分析工作——这项工作比医生给病人采集核酸更危险，更需要防护物资。他先后多次带队到张家界市工业和信息化局领取N95口罩、医用防护服、防护手套、脚套等防护物资，确保环境监测人安然无恙。

疫情期间的环境监测，与人民生命息息相关，这项工作不能懈怠。

8月10日，胡家忠忙完社区工作，晚上10点，又陪李佩耕、文海翔、黄斌、田丰四人，像冲往原子弹爆炸现场取样的防化战士，穿上蒸笼似的防护服，马不停蹄地到阳湖坪、杨家溪污水处理厂采样，送回实验室已是凌晨2点。每次取样结束，他们头上涨水、脸上泄洪、全身在汗液中荡漾，但仍然以无私的姿态无怨无悔地坚持，坚持，再坚持！

因粪大肠菌群样品必须立即开展实验分析，胡家忠陪着黄斌从初发酵、单倍乳糖蛋白胨培养液、复发酵，EC 培养液到做样等繁杂工序，当他们一丝不苟地做完工作，窗外已是曙光初照。

根据国家、省、市防疫要求，每个隔离点都需余氯、粪大肠菌群监测数据。当时征用 16 家酒店作为隔离点，且还在不断增加，导致废水采样和监测分析任务十分繁重。李佩耕、黄斌两人根本忙不过来，胡家忠在工作群一声喊，高峰、田丰、邱帅、于湘红四人立即响应，来到单位听他调遣。胡家忠只觉得这个时代的伟大，赐给自己这么多愿意风雨同舟、可堪大任的得力助手。

副主任李佩耕现场管理，田丰、高峰负责现场采样，邱帅、于湘红两位女同志配合黄斌做实验分析。

因密切接触病毒废水，各人心里都非常紧张，生怕稍不留神把病毒带回家，每个家里都有老人孩子。为了安全起见，他们六人义无反顾地决定吃住在办公室，由门卫蒋师傅担任临时厨师。就这样，这群"环境体检医生"，在病毒疯狂肆虐的严峻形势下，站在实验室监测仪器前，肩负着自己的职责与使命，在抗疫大战中散发着光和热。

由于人少实验项目繁杂，六人都是超负荷工作，每天只休息三四个小时。疲劳时，只能转几个圈清醒一下。

事非经过不知难。废水采样和实验室分析防护物资消耗很快，脚套、手套等转眼间就用完了。粪大肠菌群平常是冷项，储备的试剂材料不多，这次疫情进行大规模密集性数量分析，是实验室建立以来头一次。实验室耗材消费很快，黄斌、邱帅、于湘红三人通过网络查询，紧急联系株洲市一生产厂家，胡家忠立即启动经费六万余元，加急采购了一批采样瓶等器皿和特殊耗材，经特殊通道快速运到，确保了实验室分析工作正常运转。

隔离点和污水处理厂余氯、粪大肠菌群指标采样和监测分析是逐步规范完善的过程，为确保万无一失，张家界市生态环境局局长朱敷建每晚召开监测、执法、分局相关负责人紧急会议，对监测频次、监测项目、监测要求，时刻敲响警钟。

十多天来，胡家忠冒着酷暑高温日夜奋战，不是在湖南省张家界生态环境监测中心实验室，就是在两个污水处理厂和所有隔离点检查督促。意志可以是钢铁，身体毕竟是肉做的。8月11日早上，他来到单位时，感觉左脚脚趾隐隐作痛，忙了一上午，疼痛加重，撕扯般痛，走路很吃力——他的痛风来捣乱了。

中午休息一会儿，脚痛稍有缓解。下午3点，他又一瘸一拐走进张家界市生态环境局二楼会议室，召开污水处理厂废水采样及分析项目会议，以应对国家、省、市联防联控专家组对病毒废水外排产生的影响急需监测数据的回应，初步统一意见：对两家污水处理厂一周开展一次比对监测。会议结束已是下午 4 点多，张家界市工业和信息化局催领防控物资。等他领完物资回来，脚痛得寸步难行，顺便在路边小药店买来"秋水仙碱"，立即吃下一颗。由于药物反应，晚上刚进家门他就剧烈呕吐起来，接着肚子一阵怪响，又拉肚子。上吐下泻，在客厅与厕所之间折腾通宵，直到吐空拉空了事。

第二天胡家忠杵根棍子一瘸一拐去单位，员工们见了说，一夜不见怎么瘦了？他打趣地回答，这样减肥可以不花钱。大家都劝他回家休息，可他干脆当起"三陪"领导——陪吃陪住陪监测。每三天做一期两家污水处理厂疫情期废水监督性监测，胡家忠陪着他们共完成了 7 期监测，获得 52 组数据，出具 7 份监测报告。

从 8 月 12 日开始开展疫情期隔离点废水监测，共完成 16 天的采测和分析工作，获得 264 组监测数据，出具 16 份监测报告和 16 期隔离点监测信息报表。

监测结果表明，每个隔离点和污水处理厂的余氯、粪大肠菌群、COD、氨氮等指标均达标。看到这一胜利成果，胡家忠嘴角露出了笑容。

丘吉尔说："高尚、伟大的代价就是责任。"在抗疫攻坚战斗中，这样的责任和担当、事必躬亲的忘我工作，是因为他身上散发着中国共产党人以工作为己任的精神之光。

六

当说起解决监测业务用房跑手续时，他的脸色变得凝固了，下意识地摸了摸手中的"意见书"，说："为了这几页纸，我用四年的心血，从最初选址、到开展规划论证到上张家界市国土空间规划会，到省市相关部门这儿请示、那儿签字，走东串西，承上启下，求爷爷告奶奶，来回的路都跑大了，时常陷入找人的泥沼之中，跑这些手续远比到八大公山原始森林中找云豹更让人挠头。"

张家界市环境监测站自成立以来一直没有独立的监测业务用房，像寄生在大树上的小草寄养在张家界市环境保护局的五楼，左边半栋楼用作实验室，仅723平方米，办公室、实验室都很逼仄拥挤，为员工带来很多工作上的不便。胡家忠上任后，在原基础上又添置了GC-MS、ICP-MS、原子吸收、液相色谱、气相色谱、气质联谱、原子荧光等仪器，目前共有161套总价值2 200万元的精良设备。虽布局合理，功能较完善，但狭窄的实验室一直制约着监测工作发展，无法再添置大型仪器备机，一旦仪器出现故障，只得向邻近的常德市生态环境监测中心寻求支援，麻烦了别人也累了自己。

胡家忠的心中有一个宏远的蓝图，那就是让湖南省张家界生态环境监测中心（原张家界市环境监测中心站）有一栋属于自己的业务用房，为员工们创造一个良好舒适的工作环境。

直到 2019 年，他要将这个蓝图变成现实。听到这个消息，员工们闻之心中一喜，眼前一亮，但却把别人吓一跳，有人揶揄道："烟荷包儿大个单位，还想盖楼？只怕脑壳想偏达，带个残疾！"监测中心的周渺峰突然对那人蹦出一句："依我看，盖办公楼这是天大的好事，不会带残疾，只会带来好运！"胡家忠走到那人面前，双腿站成 A 形，右手叉腰，胳膊肘子成锐角，以土家汉甩出火星子的剽悍口气说："我就不信那个邪，非得盖栋楼出来让大家瞧瞧！""欲上青天揽月去，敢教天公不如归"的希望由此升起。

谁能相信，胡家忠想盖办公楼这事并非只是说笑或是空想，此去经年，为了兑现诺言，他开始付诸行动。请张家界市财政局打预算，请张家界市住房和城乡建设局做方案……一切按照胡家忠的思路低调而悄然无声地进行着，不久，所有基础工作准备就绪。说来也巧，刚好湖南省生态环境厅领导来张家界调研，在会上，胡家忠提出了建办公楼的设想和要求，并呈报了申请报告和相关材料。

接下来是报湖南省发展和改革委员会立项，向湖南省自然资源厅申请购地规划、工程规划，办理用地许可证，请求张家界市住房和城乡建设局勘察设计等工作，而这些材料手续要经过市、省双重部门办理和审批，需要走完一段长长的"马拉松"。运动员说，跑一场马拉松，认识一座城。胡家忠说，办完盖房手续，认识两座城的人。

胡家忠建楼的梦想，获得了湖南省生态环境厅、湖南省生态环境监测中心、张家界市委市政府的大力支持，生态环境监测业务用房项目经过两轮共十多个地块的比选，最后敲定在永定区西溪坪陈家溪入河口地段，该地面积5.6亩，前有澧水流觞，其余三面路环车转，是块建"环保医院"的风水宝地。2022年1月取得湖南省自然资源厅的选址意见书，3月获得预审批复，4月18日开始进场踏勘、正式启动，一年后该项目工程建设开始施工，胡家忠松了一口气，振奋、激动、陶醉、自豪、感恩。

然而，胡家忠还是高兴得早了点，就在他静待花开的时候，未中标的一家单位提出异议，向湖南省纪律检查委员会、湖南省发展和改革委员会、湖南省自然资源厅等部门投诉。胡家忠得知此情，非常难受，心想，做点事咋就这么难？那天他跑到即将施工的工地上一坐就是半天，仰望天空，发出了："今日长缨在手，何时缚住苍龙"的感叹。

几经周折，历经四个春秋、千辛万苦申报的工程，在2023年11月13日动工，当胡家忠站在工地上的那一刻，他面朝阳光，情不自禁地流下了百感交集的泪水……

七

保护生物多样性，正是维护地球家园，使人类实现可持续发展。

2021年，在"湖南生态环境监测"和"新湖南"公众号平台，让张家界市生态环境监测中心"保护生物多样性，张家界在行动！"这一群体，被放在了聚光灯下，走进公众的视野。但做这项工作的过程并没有视频中那么一帆风顺，那些爬崖攀岩的危险经历和采点奇遇，至今想起还使人魂飞魄散。

2017年以来，湖南省张家界生态环境监测中心（原张家界市环境监测中心站）积极践行"绿水青山就是金山银山"理念，牢记"生态衰则文明衰，生态兴才能文明兴"的谆谆告诫，落实国家及地方部署的生态环境监测工作，胡家忠提出"总体谋划、分步实施、有序推进、突出特色"的原则，逐步构建了张家界森林生态系统监测体系，在八大公山、武陵源、天门山布设监测点，开展野生动植物、森林植被等多样性监测。

八大公山在桑植县境内，由斗篷山、天平山、杉木界三大林区组成，最高的斗篷山海拔1 890米。这里是澧水的源头，是具有全球意义的生物多样性关键地区，亚热带最完整、面积最大原生性常绿阔叶林区，世界罕见的物种基因库……

"青山举眼三千里"的八大公山，大部分地区没有人烟，都是深山老林，充斥着原始野性气息，即使面临生命危险，胡家忠和团队都没有退缩。

2020年夏的一天，胡家忠带领着团队，翻山越峰，踏云破雾，到八大公山的斗篷山一带查看样方监测点。这里海拔高，天气变化无常，早上出来还是艳阳高照，不到中午，只见天幕上有银蛇狂舞，雷公像狮子怒吼，狂风肆虐，吹得树摇枝颤，凶猛的雨点打得树枝颤抖，打得野草毂觫，像要吞噬一切的猛兽。他们六个人走在一片森林边，右边是个两三米的斜坎，坎下是个山湾。大家走得正急，突然一个炸雷，如同天崩地裂，震得胡家忠脚下一滑，滚下坎去，滚过一篷茂密的草丛后，只听"扑嗵"一声掉进水里的声音，因杂草茂密而见不到人。

胡家忠当时吓蒙了，随之他发现自己掉进水里，幸好他从小练就一身"野鸭子"功夫，扎猛子般浮潜着蹦出水面。

周渺峰、李佩耕、高峰、田丰、梁鑫五人惊呆了几秒钟后，几乎同时焦急呼叫："胡主任，你在哪？！"喊叫声被电闪雷鸣与瓢泼大雨拍打树叶的哗哗声吞噬，他们继续大喊，终于有了回应，"我在传说中的天池！"胡家忠边说边找地方上岸。

虽然是酷暑季节，但这个高山密林地底下冒出的泉水，有着冬暖夏凉的特点，加之下雨，胡家忠真正领教了什么叫透心凉的感觉，赶紧借助藤条树草的帮衬，爬了上来。摸一把脸上的水，仔细打量着这个天池，池塘并不大，最多十多平方米，被四周树草包围着，绿油油的像大地上长出的一块胎记。

这时，高峰他们五人从旁边缓坡上来到天池边，看到胡家忠完好无损，有些后怕地说："刚才真吓人！"

胡家忠的衣服滴着水珠，像一只湿漉漉的落汤鸡。他有些激动地说："听当地村民说，整个八大公山保护区有九口天池，大的约 1 亩地，小的如荷叶，不定期地有鱼儿随泉水喷出。更奇特的是藏在原始次森林深处的几口天池，轻易不示人。有一回，湖北鹤峰一村民在密林中突然发现一口天池，里面有无数鱼儿在嬉游。他急忙留下一路记号，回到村里召集人马，准备好石灰、渔具，兴冲冲重返密林。可是，任他找来找去，留下的记号不见了。以后去寻那天池，却再也寻不着了。我愿意相信这个传说是真的，也相信这是天地间的神灵用这样玄秘的东西，挡住那些贪婪的目光。而我们这些环保战士，历经千难万险地保护大自然，因此天池以这样的方式和我拥抱，证明我是有福之人，也说明我运气旺！"

"是的，说得没错，天池救了你的命，如果撞到石头上，100% 让人肝脑涂地！"高峰指着天池附近凸起的几个大岩桩说。

不一会儿雷息了，风停了，雨住了，太阳出来了。胡家忠心想，这是大自然和自己开了个玩笑而已。

精诚所至，金石为开。胡家忠与团队同志们一起，历经磨难，在生死考验中不懈努力，用半年多时间，在八大公山自然保护区、永定区、武陵源等地选择固定样地，建立具有典型代表性植物群落监测样方 36 个，安装红外相机 36 台，布置了 12 条监测样线，作为长期开展生物多样性监测科研基地。

2022 年 9 月，胡家忠安排布置，建成一个生物多样性标本展示馆。

2023 年 10 月 27—29 日，中国环境监测总站副站长郭从容一行前来张家界进行现场核查，对张家界生物多样性保护赞不绝口，对张家界开展的工作给予高度肯定。

天地和我并生，万物与我为一，大自然赋予张家界独特的美。胡家忠坚持用生态文明理念指导发展，开展"保护生物多样性，张家界在行动"，这一壮举，被"新湖南"拍成视频，在全省生态环境系统滚动播放，点击率达十多万人次。

马尔顿说："坚决的信心，能使平凡的人们做出惊人的事业。"

2023 年，湖南省张家界生态环境监测中心又成功申报国家生态质量综合站湖南张家界（森林）站。

为了申报这个生态站，胡家忠从 2020 年就着手准备，曾四上北京请示汇报、争取。就在 2023 年 10 月 10 日，他带着内涵丰富的文字材料和稳操胜券的强大自信，披着温和的秋阳走进首都北京四环路"湖北大厦"会议室，面对中国生态环境总站、中国环境科学院的五名顶级专家，进行了一场 40 分钟的智慧答辩。

专家问："湖北省的'七姊妹山'与湖南省的'八大公山'都在申报综合生态站，请问你们八大公山有何优势？"

一是八大公山的保护基础牢固，而且早在 1986 年，第一批列入国家级自然保护区，总面积约两万公顷，森林覆盖率 94.1%，具有独特的亚热带山地森林生态系统特点。《中国生物多样性国情研究报告》将八大公山列为全球 17 个生物多样性关键地区之一。

二是八大公山具有丰富的生物多样性。八大公山海拔从 300 ～ 1890 多米，海拔的高低对生物多样性分布有直接影响，高低层次越多，适应动植物生存的环境就优越。2020 年年底八大公山就已建成生物多样性监测基地，2021 年，监测到物候期植物 600 多种，拍摄到生态照片 3 000 余张，利用布设的红外自动触发相机，监测到哺乳动物及鸟类共计 56 个物种，两栖爬行动物 37 种，拍摄记录到昆虫 200 余种，拍摄到大量动物的生态照片及视频。

三是生物多样性工作开展条件成熟。全市建了 36 个样方基地，安装了 36 台红外相机，还建有动植物标本展示馆，收藏各类标本 1 000

余份。根据生物进化历程，按照由低等生物到高等生物的顺序排列，依次展示大型真菌、植物、鱼类、两栖动物、爬行动物、鸟类、哺乳动物、昆虫标本，共采集制作植物腊叶标本 600 份，澧水原生鱼类标本 19 种 38 份，两栖类动物标本 20 种，爬行类动物标本 18 种，鸟类剥制标本 5 个，兽类剥制标本 5 个。通过收集保存种子并建立植物种质资源基因库，对于研究植物演替规律，持续保护张家界生物多样性筑牢了基础，工作已初见成效。

如果申报成功，我会让张家界综合监测站像八大公山一样屹立于世。

胡家忠以娴熟的答辩能力独领风骚，赢得了五位专家的赞许。酝酿四年的综合监测站终于申报成功，再次将湖南省张家界生态环境监测中心推向新的高度。

胡家忠担任张家界市环境监测中心站站长以来，从"板车拉出来"的艰苦奋斗到挺直腰杆雄立于全省生态环境监测前排舞台上的辉煌岁月，至今，不觉半生。回望三十年的尘土以及一路相随的云月，他没想到功名，只是以不泯的初心，用环保之眼为生态环境治理"瞭望放哨"。

遥想当年，胡家忠深吸一口长气，感慨万千地说："生态环境监测是技术活，外界看重的是技术水平。湖南省张家界生态环境监测中心（原张家界市环境监测中心站）因人员少、基础差、能力弱而不招人待见。有句哲理名言叫'有为才有位'，令张家界中心老监测人刻骨铭心的是，以前每次参加省里组织的相关会议或培训，我们总觉得自己低人一等、矮人一截，没有勇气和底气与其他市（州）同事同台交流同台比武。十多年来，我们卧薪尝胆，苦练内功，让软件变硬、硬件更硬，经历了脱胎换骨的灵魂洗礼，让这个曾经实力最弱的市级监测单位一跃成为全省叫得响的'排头兵'。"

胡家忠这位满怀赤子之心的生态战士，三十年来从没有停下为环境保护而奔波的匆匆步履，像雨后骄阳大放异彩，百折千回地谱写着新时代的环保新篇章。